流域水循环与水资源演变丛书

中国东部季风区降水过程时空特征与机理

张　强　郑泳杰　赖扬晨　孙　鹏　著

科学出版社
北　京

内 容 简 介

　　本书是有关水文气象学方面的著作,对中国东部季风区的降水及气候等部分内容做了分析和研究。书中阐述了变化环境下降水的相关热点问题、中国东部季风区概况、降水研究的主要数据与手段、中国东部季风区降水特征及大气环流背景、WNPSH 主要特征及其对中国东部夏季降水的影响、MJO 的主要特征及其对中国东部冬季降水的影响、TC 极端降水时空特征及水汽条件分析等内容。

　　本书可供水文气象或气候方面的研究者或爱好人士阅读参考。

审图号:GS(2020)420 号

图书在版编目(CIP)数据

中国东部季风区降水过程时空特征与机理 / 张强等著. —北京:科学出版社,2020.6

(流域水循环与水资源演变丛书)

ISBN 978-7-03-065278-2

Ⅰ.①中… Ⅱ.①张… Ⅲ.①季风区－降水－研究－中国 Ⅳ.①P426.6

中国版本图书馆 CIP 数据核字(2020)第 090581 号

责任编辑:周　丹　沈　旭　程雷星 / 责任校对:杨聪敏
责任印制:师艳茹 / 封面设计:许　瑞

科 学 出 版 社 出版

北京东黄城根北街 16 号
邮政编码:100717
http://www.sciencep.com

三河市春园印刷有限公司印刷

科学出版社发行　各地新华书店经销

*

2020 年 6 月第 一 版　开本:720×1000　1/16
2020 年 6 月第一次印刷　印张:9 1/2
字数:201 000

定价:128.00 元
(如有印装质量问题,我社负责调换)

前　言

随着人类社会的不断发展，尤其是近代工业革命以来，人口迅速增长，生产力快速提高，水资源供需矛盾逐渐突出。工业革命以来，全球气候发生显著变化，对水循环也造成了显著的影响。水资源的开发和利用需作为一个系统综合规划，综合考虑径流、降水等多种水循环要素，优化配置水资源。如何应对变化环境下日益突出的水资源问题，合理利用水资源，成为人类发展必须要解决的基本问题。未来的气候变化格局可能对全球地区的水循环、水资源空间格局、极端自然现象的发生等方面带来更为显著的影响。气候变化及其导致的水资源问题已成为世界各国政府与国际组织高度关注的问题。

中国是世界上人口最多的国家，其中超过 70% 的人口集中在东部地区，且东部地区集中了中国主要的大城市及城市群。当前，我国已形成长江三角洲区域一体化、京津冀协同发展、长江经济带发展、粤港澳大湾区建设的四大跨区域协调发展的区域发展总体格局。东部地区在中国的社会经济发展中有着不可动摇的地位，该区受季风气候影响。中国东部季风区也是中国最主要的降水区，但其降水时空分布极不均匀，各季节降水量和降水强度差异巨大。冬季该区较为干旱，夏季是主要的降水季节，且夏季中国南方地区及长江中下游地区较易出现强降水过程及洪涝灾害。受冬、夏季风的交替影响，中国东部季风区的降水具有明显的季节性和周期性变动。同时，该区受到自然灾害的威胁较大，如夏秋季节容易出现热带气旋等极端天气事件。中国东部季风区人口密度大、社会经济发展程度高、大城市及特大城市密集，对气象与水文灾害极其敏感。中国东部季风区的气候、降水、自然灾害等方向的研究，对于保障社会和人民正常的生活和生产活动具有重要的现实意义。

中国东部季风区降水研究中，有大量重要的科学问题需要探索。本书作者张强教授，自 2008 年开始关注中国东部季风区水文气象的相关研究，对中国东部季风区的降水特征、降水演变、降水成因、极端气候等多个方面进行了全面而系统的分析。先后在国家自然科学基金杰出青年科学基金（51425903）、国家重点研发计划项目（2019YFA0606900）、国家自然科学基金（41601023，41771536）和国家自然科学基金委创新群体项目（41621061）的资助下，在全球变化环境的人背景下，运用多种来源的基础数据，结合多种统计方法以及常用的气象学方法，对中国东部季风区的降水结构、降水不均匀性特征、大气环流条件、不同季节的降水影响因子、降水带的移动等多个方面进行了全面而系统的分析，取得了一系列的学术成果，以此为国内外学者提供更多中国东部季风区降水信息。本书正是在此研究成果的基础之上，经过进一步梳理和总结而成的，是以往研究的阶段性成果。

　　本书共 7 章，第 1 章为变化环境下的降水的相关热点问题。第 2 章为中国东部季风区概况。第 3 章为降水研究的主要数据与手段介绍。第 4 章为中国东部季风区降水特征及大气环流背景。第 5 章为 WNPSH 主要特征及其对中国东部夏季降水的影响。第 6 章为 MJO 的主要特征及其对中国东部冬季降水的影响。第 7 章为 TC 极端降水时空特征及水汽条件分析。

　　在本书的编著过程中，许多人员都为之做了大量的工作，付出了辛勤的劳动。在本书的出版过程中，除了著者以外，顾西辉、刘剑宇、孔冬冬等为成书提供了大量帮助，在此一并表示最衷心的感谢！本书是基于现阶段研究工作和创新成果的总结，由于水平有限，书中不当之处在所难免，恳请业内专家、同行及读者批评指正，以使水文气象学体系更加完善，为我国的水文气象学研究发展做出更大贡献！

著　者

2019 年 10 月

目　　录

第1章 变化环境下的降水的相关热点问题

1.1 气候变化背景下的水循环演变

全球气候在近百年内发生了显著的变化,气候变暖是其中最为明显的特征[1, 2]。大量研究表明,在气候变化和人类活动的共同作用下,水文循环发生了重大的变化[3-6]。全球气候变化可能导致水循环加剧,并对降水、径流、蒸发等主要的水文循环过程都造成显著的影响[7-9]。同时,部分地区极端事件的频率也增加,干旱、热浪及异常降水等极端天气事件频发,给生态环境和人类的生产活动带来了极大的威胁[10, 11]。而降水作为水循环的关键过程,也是影响水资源空间分布的关键因素。降水是各区域农业生产、水资源调配、洪旱风险预防等工作的重要考虑因素。近数十年,中国北方干旱灾害加剧,而南方地区出现洪涝灾害的风险则提高[12]。降水的时空分布规律、降水不确定性等逐渐成为水科学的重要研究问题,降水变化的成因以及主导降水变化的因素和条件的分析已成为国内外的研究难点[13, 14]。大气环流活动主导着全球水汽分布,是驱动区域降水的关键条件。水汽输送是水循环过程中最活跃的环节之一,而水循环中以海陆间循环对人类社会的影响最大。目前,国内外的大量研究均基于海陆间的水汽输送情况及大气环流因子的变化情况,用于解释区域降水变化的成因[15-21]。

中国是世界上人口最多的国家,其中超过 70%的人口集中在东部地区[22, 23]。东部地区集中了中国主要的大城市及城市群,如北京、上海、广州等。同时也集中了中国最主要的经济区,如京津冀地区、长江三角洲(简称长三角)、珠江三角洲(简称珠三角)等中国社会经济发展程度较高的地区。中国东部地区在中国的发展过程中具有不可动摇的地位。中国东部地区气候主要是由季风主导的,季风气候产生的最主要原因是海陆热力性质差异,其决定了季风气候具有不稳定性[23-25]。而中国东部季风区降水过程变化主要受东亚夏季风控制,东亚夏季风发生于世界最大的大陆(亚欧大陆)及最大的大洋(太平洋)之间,因此东亚季风区成为对气候变化响应最为敏感的地区之一[25]。同时,中国东部季风区的社会经济极易受到自然灾害的威胁[22, 26]。中国东部季风区是世界上受热带气旋(tropical cyclone,TC)威胁最严重的地区之一。TC 是发生在热带、亚热带地区海面上的气旋性环流,是地球物理环境中最具破坏性的天气系统之一。TC 带来的灾害是综合性的,其主要致灾因子包括狂风、暴雨、风暴潮。我国是世界上少数几个受 TC 直接严重影响的国家之一,曾多次遭遇严重的台风、暴雨、大风和风暴潮等灾害，以及由 TC 引起的山体滑坡、泥石流等次生灾害，造成巨大的经济损失和人员伤亡。TC 引起的极端降水常常导致洪涝暴发、农田淹没、城市内涝等灾害。气候变化和自然灾害对人民生活、农业生产、社会发展等方面具有极大的影响与威胁[11, 24]。脆弱性、敏感性、严重性是该区气候和环境的主要特点。

未来的气候变化格局可能对全球地区的水循环、水资源空间格局、极端自然现象的发生等方面带来更为显著的影响。气候变化问题已成为世界各国政府与国际组织高度关注的问题。"一带一路"国际合作高峰论坛圆桌峰会联合公报指出："在气候变化问题上立即采取行动，鼓励《巴黎协定》所有批约方全面落实协定"[27]。如何科学地应对气候变化，并应对气候变化环境下可能出现的自然灾害成了许多国家和地区所面临的重大难题。当前，我国"一带一路"倡议实施中的大量基础建设工作，包括道路网、油气管网以及水利水电等工程的建设也面临着严重的自然灾害的威胁[28]。"一带一路"倡议的稳步推进，对我国的水资源管理、区域洪旱灾害的防治、气候变化应对等工作，势必会提出更严格的要求。当前，国家比较重视的水循环变化及水资源分配的关键科学问题包括：变化环境下水循环的关键环节发生了怎样的变化，对水资源分配造成怎样的影响；近数十年，中国东部季风区的降水结构、降水时空变化特征如何；影响近数十年降水变化的成因和主导因素是什么。理解上述关键问题，并对中国东部季风区降水时空变异特征及其成因进行研究，对区域的洪涝和干旱等灾害的预防工作、水资源的适应性管理、农业生产保障工作等具有重要的参考价值。

1.2　气候变化及降水变异特征与影响因素

1.2.1　变化环境下中国东部季风区降水的时空变异特征

变化环境下降水的时空变异特征是国际研究的热点[12, 13]。中国东部季风区作为世界人口、耕地及特大城市分布最密集的地区之一，覆盖了中国主要的经济发展区，社会经济地位异常重要。然而，该区自然环境脆弱而敏感，受降水异常或气候变化等因素的影响较大[11, 24, 25]，环境和气候具有明显的脆弱性和复杂性[22]。中国东部季风区降水具有明显的时空差异，洪水、干旱等降水相关的极端天气均对中国东部季风区造成极大的威胁，各季节下的降水时空变异特征长期以来是国内外水文气象学研究的热点[29-33]。Li 等[34]研究了中国极端降水的时空变化情况，评估了中国洪旱灾害的联合风险，并指出未来中国极端降水和洪涝灾害可能增加。Zhang 等基于统计方法和厄尔尼诺南方涛动（ENSO）、太平洋年代际振荡（PDO）等因子研究了黄河中游近数十年的极端降水时空变化特征，指出黄河中游东南部是黄河中游最湿润的地区，且该区发生极端降水的风险也较大，而极端降水的概率分布函数则表明近数十年来黄河中游出现干旱趋势[35]。目前，对中国东部季风区降水研究的方法较多，有基于统计方法研究降水总体特征的，如 Manner-Kendall 趋势检验[36]、信息熵理论[37]、Copula 函数等[38]；也有基于模型与数值模拟方法研究降水时空演变特征的[39-41]，如 PSU/NCAR 中尺度模式（MM5）[42]、天气预报模式（WRF）[43]。此外，还有部分研究基于水文气象学方法对降水演变特征及机理等进行解释，如从大气水汽输送、海平面温度、地球长波辐射、大气环流因子与气候指标等方面进行研究[44-47]。

目前，对于中国东部季风区降水的时空变化特征已有大量基于不同流域的研究，如长江流域[48-51]、淮河流域[37, 52, 53]、黄河流域[54-57]、珠江流域[58-60]等。冶运涛等[49]研究了长江上游地区近数十年的降水结构，结果表明长江上游地区短历时降水强度增加，而长历时降水的贡献率减少。Wu 等[46]研究了近数十年中国 11 个流域的极端降水变化，指出长江中下游及闽江流域地区的洪涝风险加剧。因此，对于中国东部季风区降水特征的总体研究，降水在不同流域或不同地区变化情况的对比也值得进一步研究。

1.2.2　降水变化与大气环流条件

中国东部季风区的气候具有高度的复杂性，除了降水的时空变化规律外，驱动这些降水时空变化的因素也引起了广泛的关注[61-65]。以往大量研究都从不同角度对中国东部季风区的降水成因做了一定的分析[23, 25, 61-64]。Zhang 等[63]研究了气温变化对降水的影响机理，指出温度上升对降水有明显的影响，但在不同地区差异较大，冬季气温升高可能会使中国东南部降水加强，并加剧降水时空分布的不均匀性。季风活动对降水变化的影响也逐渐成为研究热点[23, 66-68]。Lin 和 Wang[25]研究了亚洲低压的年际变化情况，并指出亚洲低压的加强可能导致中国北方的降水增加而使中国南方的降水减少。

大气环流因子主导着全球热量和水分的分布，是降水变化成因研究中最主要的方向[51, 69-73]。大气环流因子的活动对全球气候具有显著影响，在全球气候变化中具有主导作用。中国东部季风区同时受多种气候因子的显著影响，且不同气候因子的影响具有明显的空间和时间差异，不同季节、不同时期和不同地区的主导气候因子不尽相同（图 1-1）。其中，夏季主要受东亚夏季风（EASM）主导，以往的大量研究表明 EASM 对中国东部夏季降水具有重要影响[24, 26, 48, 67, 68]。Ding 等[24, 26]研究了近数十年 EASM 对中国东部的影响，发现热带东风急流的减弱引起了 EASM 的减弱，使得水汽难以到达中国北方地区，并指出 20 世纪 70 年代后期 EASM 的减弱使得中国淮河和黄河流域夏季降水减少，而长江中下游的夏季降水增加。

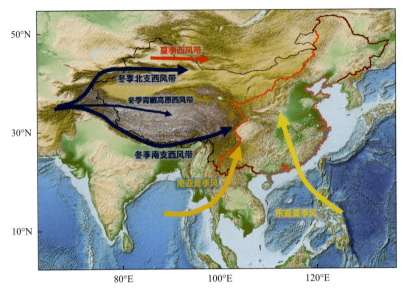

图 1-1 影响中国东部季风区的主要天气系统

　　而冬季，中国东部季风区则主要受东亚冬季风（East Asian winter monsoon，EAWM）及西伯利亚高压等系统的影响[58]。同时，ENSO[29, 74, 75]、大气季节内振荡（如 Madden-Julian oscillation，MJO）[76]、PDO[77, 78]等均与中国东部季风区的降水密切相关。在不同季节下，这些气候因子的活动规律、生命周期、变化特征及其对中国东部季风区气候的影响程度、影响范围、驱动机制等也值得更深入的研究。

1.2.3 夏季降水的影响因素

　　夏季是中国东部季风区降水强度最高的季节，同时夏季中国东部地区呈现出明显的降水带的变动[79]。而中国东部季风区夏季降水主要受 EASM 的驱动，EASM 所带来的水汽是该区夏季降水的主要水汽来源[65, 79]，其每年夏季为中国东部季风区输送充沛的暖湿水汽，并伴随着梅雨、TC 等季风区常见天气现象[30, 79, 80]。而主导 EASM 的气候系统是西北太平洋副热带高压（Western North Pacific subtropical high，WNPSH），夏季风的强弱主要受 WNPSH 的影响，这一结论已被大量研究所证实[22, 23, 25, 30, 81-83]。

　　WNPSH 是北半球最重要的大尺度气候系统之一，其形成原因与太阳辐射和地转偏向力有关，由亚欧大陆及太平洋之间的海陆热力性质差异产生，WNPSH 夏季增强，其强弱和位置的年际变化，以及高压系统西脊线的延伸等对亚洲东部的夏季降水，包括雨带变动、锋面雨位置等有主导作用[84-87]。因此，此前大量研究工作已重点研究了 WNPSH 的变化和特性[88, 89]及其对东亚地区气候可能造成的影响[67, 90, 91]。例如，Luo 等[67]发现 WNPSH 的加强会阻碍印度洋的西风带，推迟南海夏季风的登陆。另外，Zhu 等[91]认为西北太平洋海域的海温升高及热带东太平洋的海温降低会使 WNPSH 南撤，使得中国出现南涝北旱的现象。WNPSH 的变化对中国东部[22, 26, 92]降水时空的变化具有重要的影响。Li 等[85]利用 CMIP3 模式数据和 ERA-40 再分析数据获取了北半球海域夏季亚热带高压系统的未来变化情况，其研究结果表明随着温室气体浓度的增加，这些北半球海域夏季出现的高压系统在未来将会加强。

随着气候变化，WNPSH 的活动也发生了改变[86]，部分学者开始对 WNPSH 的纬向移动特征进行研究[11, 30, 82, 93]，而西北太平洋热带系统的纬向移动对如长江流域[30]等的大部分东亚地区具有重要的影响。Huang 等[82]提出，相对于 1948～1978 年，1979～2009 年 WNPSH 的活跃位置在纬向位置上更偏向东部太平洋海域。Lu 等[92]发现，WNPSH 纬向移动的年际间变化可以解释近 20 年中国地区频繁的异常气候发生的原因。

WNPSH 是主导中国东部季风区夏季降水发生的气候因子，因此中国东部季风区夏季发生的极端天气事件可能也受到 WNPSH 的显著影响。显而易见的是，极端天气事件是自然灾害的主要诱因，而极端降水也会对中国东部季风区的社会和环境造成灾难性的后果[94, 95]。然而，关于 WNPSH 和夏季的气象灾害与极端降水的内在联系及其影响的机理目前却仍缺乏系统完整的理论。

1.2.4　冬季降水的影响因素

对于季风气候而言，与夏季降水相比，冬季降水较为有限。尽管如此，在大量地区冬季降水却表现出较大的年际变化。冬季发生的自然灾害如寒潮及暴雪等会对农业造成极大的损失。冬季降水机理及冬季降水变化的特征也逐渐引起部分学者的关注[74, 96, 97]。部分研究[96, 97]提出厄尔尼诺现象（El Niño）对中国东南部（包括长江中下游地区及中国南方地区）冬季降水具有一定的影响。EAWM 的减弱和暖位相 ENSO 事件会加强中国东南部沿海地区的东南风，从而加强中国东部和中国南部的降水。Chen 等[74]的研究指出，印度洋东部海洋表面温度（sea surface temperature，SST）的升高和印度洋西部 SST 的降低会加强中国南部的降水。而东部印度洋 SST 异常引发两支大气垂直运动的环流异常，包括西北太平洋地区的上升支流和印度洋中南部地区的下降支流，该异常环流活动与中国南部降水的异常有着密切的关系。Jia 和 Ge[98]研究了 21 世纪中国东南部的冬季降水和 EAWM 的相关关系的年代际变化，并指出中国东南部的冬季降水的年际变化与 EAWM 的关系在 1998 年或 1999 年后出现了减弱，两者相关性在该时期后相对较弱。此外，Huang 等[99]指出，西伯利亚高压的增强会加强 EAWM，同时会减弱中国南部地区的西南风，继而减少中国南部地区的降水。

MJO 是由 Madden 和 Julian 于 1971 年[100]在赤道附近地区发现的季节尺度下向东传播的大气低频扰动现象（图 1-2）[100-102]。MJO 对热带地区的大气环流具有重要的影响[100, 103, 104]，尤其对于中国东南部地区，其部分位相对中国东南部地区的降水分布具有明显的影响[105-107]。此前大量研究探讨了 MJO 活动对不同时间和空间尺度下降水变化的影响[102, 108]。Pai 等[109]指出印度地区降水量季节内变化与 MJO 活动周期中向东传播活动的部分位相有密切的联系。其研究结果表明 MJO 的影响范围并不局限于印度及印度洋海域等地区，而波及更广泛的地区如太平洋地区等。Chi 等[110]指出夏季东亚地区产生于对流层中上层的亚热带高压（20°N～30°N，110°E～120°E）和南亚高压与 MJO 的湿位相密切相关。Lin 等[111]指出印度洋和西太平洋热带对流活动的异常具有偶极性，其与加拿大地区的降水变化可能具有潜在关系。因此，MJO 对降水变率的影响在广大地区均有所体现，如加拿大[111]、南美[112, 113]、非洲[114]、印度[109]、东南亚[107]，也包括中国[115-117]等地。

此前的研究已经对北半球冬季的东亚降水与 MJO 的关系进行了一定的分析[76, 118]。Yao 等[76]的研究提出，冬季降水的前两个主要经验正交函数（empirical orthogonal function，EOF）模态可分别解释为 MJO 的第 3 和第 5 位相，同时还指出中国大陆地区的季节内尺度的降水变化与冬季的热带对流活动和寒潮等现象有关。Hung 等[118]指出中国台湾地区的降水在 MJO 的第 3 和第 4 位相时增加，而在 MJO 的第 7 和第 8 位相时减少。Jeong 等[105]发现东亚地区的降水变率与 MJO 活动下对流活动中心的位置密切相关，热带对流活动中心的位置从印度洋地区向西太平洋东向传播的过程中，东亚地区在多雨期和少雨期的降水强度之差达到 3～4mm/d。此外，Lim 等[107]指出亚洲东南部的降水模式主要受寒潮主导，而对比起单一的寒潮天气影响，伴随着活跃 MJO 活动的寒潮天气则会进一步增加对流活动并加强东南亚地区的降水。然而，关于热带地区 MJO 的活动对中国东部季风区冬季降水的影响模式和影响过程等目前仍缺乏系统而详细的理解。

1.2.5　TC 极端降水及其水汽源地

TC 是夏季影响中国东部季风区，尤其是影响中国东南部地区夏季降水的最为重要的天气系统之一[119]。TC 是季风气候区常见的天气系统，按强度可分为热带低气压（tropical depression）、热带风暴（tropical storm）、台风/强热带风暴（typhoon）三个等级。台风是最具有破坏性与威胁性的自然灾害之一[87]，西北太平洋地区包括南海等地区，是 TC 产生及运动活跃的地区，TC 路径与大范围环流背景有密切关系[120]，尤其受 WNPSH 位置变动的显著影响[89, 90, 121, 122]。

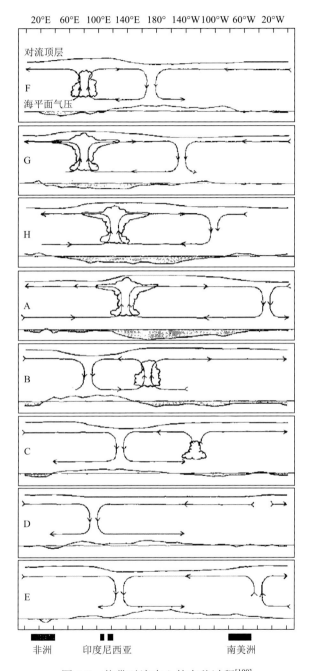

图 1-2　热带对流中心的东移过程[100]

同时，TC 也是中国东部沿海地区最主要的自然灾害产生原因之一，TC 的活动和登陆等经常引发极端降水。因此，TC 和夏季极端降水之间潜在的内在联系也需要进一步的研究。TC 经常引起巨大的灾难，如短时间的高强度降水、骤发洪水及强风等，对人民的生命财产安全造成极大的损失[94]。图 1-3 为 1984～2014 年 TC 对中国地区造成的年平均直接经济损失[123]。TC 对中国东部季风区人类活动造成的影响正逐渐引起人们较大的关注，并且人们对此进行了大量相关研究[89, 121, 124, 125]。Ling 等[89]研究了本地生成（即南海海域生成）及非本地生成（即西北太平洋海域生成）的两种 TC 的异相关系，指出西北太平洋进入南海的 TC 的增加会抑制南海本地的 TC 的生成。Wang C 和 Wang X[124]研究了西北太平洋海域生成的 TC 的移动路径与两种类型的 ENSO 事件的关系，认为 Modoki II 型厄尔尼诺事件可能导致热带的西北季风异常，不利于 TC 登陆中国南方地区。Chen 等[125]则研究了造成 TC 强度迅速加强的因素，指出中纬度槽线进入南海与南海地区较强的西南季风的共同作用容易使得 TC 强度迅速增加。Wang 等[121]的研究指出，TC 的数量和 TC 对东亚地区的总影响天数也受到 WNPSH 的影响。因此，可以推测 WNPSH 可能也对中国东部季风区的极端降水和极端事件的发生造成一定程度的影响，WNPSH 与中国东部地区的极端降水的关系具有一定的研究意义。WNPSH 与 TC 等夏季常见的自然灾害之间的联系需要进一步研究。

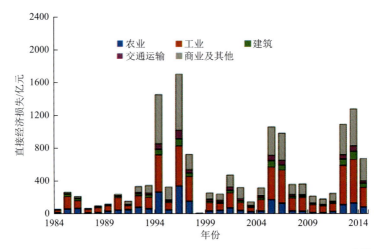

图 1-3　1984～2014 年 TC 对中国地区造成的年平均直接经济损失[123]

降水特别是极端降水事件的形成需要大量的水汽供给，通常暴雨都出现在大气比湿较高的日子里。因此，人们对于极端降水事件的水汽源地研究从来未曾停止过。田红等[126]提出我国夏季降水有关的四条水汽通道，分别是西南通道、南海通道、东南通道和西北通道，认为西南通道主导华南中西部地区降水，南海通道主导东南地区降水，东南通道是长江流域降水的主要水汽来源，西北通道则为华北地区输送水汽。李永华等[127]研究了夏季旱涝的水汽输送特征，结果显示，西南地区降水主要有两个来源：一个是青藏高原转自孟加拉湾经缅甸和云南进入西南地区；另一个是经孟加拉湾南部，再经南海与来自赤道的水汽汇合后进入西南地区。影响西南地区的水汽来源中，来自印度洋的水汽最强。杨柳等[128]分析中国东部季风区的水汽输送特征总结出六个水汽通道，并研究了不同雨型对应的各水汽通道的强弱的关系。关于青藏高原的水汽分布和来源也有不少的研究[129-131]，结果表明，青藏高原夏季的水汽来源于孟加拉湾、南海和西太平洋地区的偏南风水汽输送，而冬春季节则主要来源于中纬度偏西风水汽输送。由于山脉阻隔，水汽主要集中在青藏高原的东南、西南部地区。除此之外，对流活动如局地对流、切变线等天气系统可以使水汽垂直向上输送。

以上关于水汽输送的研究大多基于欧拉法，也就是以流体质点流经流场中各空间点的运动为描述对象研究流动的方法，也称为流场法。用欧拉法研究水汽输送存在一定的局限性，即不容易定量区分各个水汽来源比重，则无法分析其对降水的贡献率。相对于欧拉法着眼于固定的空间场，拉格朗日法更侧重于质点本身，它通过跟随流体质点的运动，记录质点在运动过程中的位置以及物理量随时间的变化。于是，许多学者开始使用拉格朗日法模拟降水时到达降水地区的空气粒子（质点）的运动轨迹来确定其水汽输送路径，同时根据轨迹记录的物理属性来计算各路径输送水汽的比重。目前，使用拉格朗日法研究水汽来源和输送路径的思路已经被许多学者采用。谢惠敏等[132]使用向后轨迹模式（HYSPLIT）方法研究了双台风对极端暴雨的增强作用。"菲特"（Fitow）的登陆使得东南沿海形成一条很强的水汽输送带，而后面的台风"丹娜丝"（Danas）对该地区的水汽输送起到延续和加强的作用，使强降水分为两个阶段延续了一周。戴竹君等[133]分析了台风"碧利斯"（Bilis）的水汽输送特征，发现在 TC 暴雨增幅之前主要的水汽输入来自 TC 环流东北侧，通过环流卷入到 850hPa 以上的大气中；而在暴雨增幅之后，来自西南孟加拉湾的大量水汽由西南输入到 850hPa 以下的低空环流中，从而有利于维持 TC 暴雨。Huang 和 Cui[134]及王佳津等[135]研究了中国四川地区与降水有关的水汽来源，发现该地区的水汽大部分来源于孟加拉湾，还有一部分来源于流域陆地蒸发，东部水汽来源很少。

以上研究与传统欧拉法对比，在定性分析水汽输送通道的同时还能对水汽输送贡献进行定量分析。这些研究大多只分析了某个极端降水事件或者一个地区的某个降水时段的水汽来源，对长期 TC 极端降水的水汽输送通道以及其输送比重的研究甚少，对与 TC 有关的极端降水的水汽输送在季节上差异的研究也仍有不足。因此，本书运用 HYSPLIT 模式模拟 1960～2014 年的 TC 极端降水事件的空气粒子的向后轨迹，并基于此分析水汽来源和贡献率等相关特征。除了水汽来源以外，本书还引入 Logistic 和 Poisson 回归模型研究 TC 极端降水与 ENSO 之间的联系并讨论其大尺度环流背景。

1.3　中国东部季风区降水研究内容介绍

以 1960～2014 年中国东部季风区的降水情况为研究对象,利用全国 731 个站点的实测逐日降水数据结合再分析资料,基于统计手段与气象学方法,开展降水的时空变异规律特征研究:

(1)基于统计分析方法,对中国东部季风区的实际降水情况做总体分析,研究其年际及年内变化规律,以总体了解近数十年该区降水演变特征、降水不均匀性、年际或年内的变化规律及特征。

(2)在明确中国东部季风区降水变异格局的基础上,由于中国东部季风区降水存在明显的季节差异,重点研究其降水的季节差异及季节转变规律,通过分季节研究各个季节下的降水特征,基于多种降水指标、信息熵理论等手段研究各季节降水结构及各个季节降水的不均匀性等。

(3)分季节分析影响中国东部季风区气候的主要气候因子,以及其对实际降水的影响,如 EASM、WNPSH、MJO 等,分析多种气候因子近数十年的年际演变规律及气候因子活动的强弱变化特征。

(4)基于气候因子的活动具有强烈的季节性特征,重点研究多种气候因子的季节活动特征。研究不同季节下气候因子的影响范围及对中国东部季风区的影响程度等,以及中国东部季风区在气候因子不同活跃期和不同强弱情景下降水的差异,分析气候因子活动周期下中国东部季风区降水的空间演变、区域差异、影响范围、降水带变动特征等规律。

(5)研究 TC 对极端降水的贡献率及其与海岸线距离之间的关系,全面分析 TC 极端降水的时空分布特征及其原因,然后通过广义线性模型分析 TC 极端降水与 ENSO 之间的关系并从大尺度环流的角度分析其影响机制,最后基于拉格朗日法定量分析与 TC 极端降水有关的水汽来源和输送通道。

第 2 章　中国东部季风区概况

2.1　自然地理特征

2.1.1　地理位置

中国（研究区域范围见图 2-1，地形图数据来源于美国国家海洋和大气管理局，即 National Oceanic and Atmospheric Administration，简称 NOAA，数据下载地址 https://www.ngdc.noaa. gov/mgg/global/global.html）位于亚欧大陆东岸，幅员辽阔，空间跨度大，尤其是经向跨度，南北纬度相差约 50°，相距达 5500 多千米，跨越了热带、亚热带及温带地区，这也是其气候复杂，气候和降水类型组合众多的原因[136]。中国东部季风区位于世界上最大的大陆（亚欧大陆）东岸，与最大的大洋（太平洋）西岸交汇的地方，背靠高原，面向海洋，因此受大陆及大洋的影响也较大。其所在区域岛屿数量众多，海岸线长，囊括了中国所有海岸线。其自南向北毗邻的海域包括南海、东海、黄海及渤海（内海）。

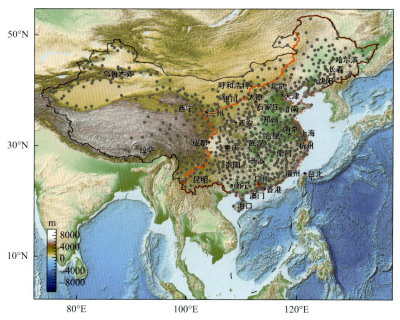

图 2-1　中国东部降水站点和主要城市分布图

图中红色实线表示东部季风区的大致划分范围。降水站点以灰色实点表示，主要城市以黑色实点表示并标注城市名称。图中全国共 731 个站点

中国东部季风区范围大陆上自北到南主要包括大兴安岭以东区域、内蒙古高原以南区域以及青藏高原以东的区域。包含了大量行政区划及地形地貌分区，覆盖了江南丘陵地区、长江中下游地区、华北平原、东北平原、云贵高原、四川盆地以及黄土高原等，囊括了环渤海地区、长三角、珠三角等中国最主要的经济发展区，中国东部季风区以秦岭—淮河一带为界，可大致划分为中国北方与中国南方，秦岭—淮河一带是中国重要的地理分界线，南方和北方在气候、地貌等方面均具有较大差异。

2.1.2　地形地貌

中国东部季风区总体海拔较低，大部分区域的海拔均在 1000m 以下。地形西高东低，西部主要为高原和山区等，包括黄土高原、云贵高原、横断山区，同时还包括四川盆地等地区。因此，西部主要包含中国的第二阶梯地形区等地势较高的区域。而其以东则以地势较低的区域为主，基本覆盖中国主要的平原区，包括长江中下游平原、华北平原以及东北平原中国面积最大的三个平原区，其中，华北平原、东北平原等平原区也是中国最重要的农业区之一，这些平原区的海拔一般不超过 200m。同时，也包括东南丘陵、山东丘陵以及辽东丘陵等主要的丘陵区，主要丘陵区的海拔一般在 500m 以下。这些平原和丘陵区组成了中国的海拔较低的第三阶梯地形区。中国的第三阶梯地形区东岸即为中国海岸线，包含的岛屿众多，继续向东延伸为大陆架地形，中国近岸海的大陆架面积较大，延伸较为广阔，海洋深度较低，坡度也较缓，海洋资源丰富。

在地貌上，中国东部季风区包含了高原、山地、盆地、丘陵、平原五大地貌类型，地貌类型丰富，地形西高东低，东西部地区的地形海拔落差达到 500m 以上，对河流水系的流向与分布、季风的影响范围等均具有较大的影响。

2.1.3　气候特征

中国东部季风区是世界上最复杂的气候区之一，气候在空间和时间上变化极大。空间跨度大，南北相距约 5500km，东西相距约 3300km，南北跨度大导致其温度差异最为明显，而东西跨度主要影响水分状况。在气候区划方面，中国东部季风区包含气候类型较多，自南向北主要包含热带季风气候区、亚热带季风气候区以及暖温带季风气候区、中温带季风气候区、寒温带气候区等[137]。其共同特点是均受季风气候影响，中国东部季风区既是世界上最为典型、最为重要的季风区之一，同时也是中国主要的降水区。

季风气候的特点是雨热同期，夏季高温多雨，冬季寒冷少雨，气候随季节变化明显，气候年内差异极大。中国东部季风区地处亚欧大陆东岸，以西为青藏高原，同时由于毗邻海域较多，东临西太平洋海域，西南距离印度洋海域也较近，因此受到大陆和大洋的影响也较为显著。以秦岭—淮河一带为界，南北部气候差异巨大，秦岭—淮河是气温、降水、植被覆盖等大量地理现象的重要分界线。南北雨季有较大差异，雨季开始南方早于北方，雨季结束北方早于南方。冬季盛行风向为偏北风，主要从亚欧大陆吹向西太平洋，而夏季盛行风向为偏南风，从海洋地区吹向大陆地区。冬季风发源于亚洲大陆内部，较为干燥、寒冷，因此在冬季风主导下，中国东部季风区冬季降水普遍较少，气候较为寒冷，北方地区表现更为明显。夏季风主要来源于东南方的太平洋和西南方的印度洋，夏季风特征为温暖湿润，在夏季风的主导下，中国东部季风区降水普遍较多，气温较高，并可能伴随梅雨、TC 等天气。在冬季风和夏季风的交替影响下，季风气候明显，是世界上最为典型的季风气候区之一。

2.1.4　河流水系

中国东部季风区的河流多为外流河，分布着中国主要的水系和流域（图 2-2），如珠江水系（图 2-2 分区 6）、长江水系（图 2-2 分区 5）、黄河水系（图 2-2 分区 4）、淮河水系（图 2-2 分区 3）、辽河水系（图 2-2 分区 1）、海河水系（图 2-2 分区 2）及黑龙江/松花江水系（图 2-2 分区 1）等。中国东部季风区水系流向以自西向东为主，这主要由地形所决定。其地形主要呈现为西高东低的阶梯分布，西面为青藏高原等地形海拔较高的高原山地地区，大量河流的发源地也位于青藏高原区。而东部则毗邻海域，沿海地区海拔较低，多为平原区。东西落差较大，因此，河流主要为自西部高原山地地区向东流向平原区，最终流向大海。中国东部季风区大部分河流最终均注入太平洋海域，包括南海、东海、黄海及渤海。中国东部季风区河流的补给来源以降水为主。

径流量较大的主要水系如长江水系（年径流量：9857 亿 m^3/a）及珠江水系（年径流量：3381 亿 m^3/a）等[137]，流域面积大，支流复杂众多，河网水系发达，且为淡水河，是重要的淡水取水区。由于地势东西落差较大，大量河流中上游蕴藏水能丰富，可以水力替代煤炭发电。主要河流入海口附近三角洲经济发达，长三角、珠三角，包括环渤海地区等均为中国重要的经济区，港口及海运发达。中国东部季风区也是淡水湖泊的主要分布地区，特别是长江中下游地区，分布着中国最大的淡水湖群。中国最主要的淡水湖，包括鄱阳湖、洞庭湖、太湖、巢湖、洪泽湖五大淡水湖均位于中国东部季风区。

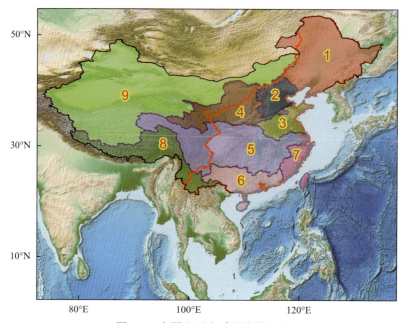

图 2-2　中国主要水系和流域分布

各编号表示的流域为: 1. 松-辽河流域片; 2. 海河流域片; 3. 淮河流域片; 4. 黄河流域片; 5. 长江流域片;
6. 珠江流域片; 7. 东南诸河片; 8. 西南诸河片; 9. 内陆河片

2.2　社会经济概况

中国东部季风区人口密集,且人口分布不均衡,据第六次全国人口普查反映出的特征,人口流入的热点地区主要为珠三角、长三角和京津地区[138]。近年来,人口增长率较低,人口结构步入快速老龄化阶段,人口问题逐渐突出,且由于人口总量大,人均资源量较少,对土地、森林、水资源等构成巨大压力。

农业方面,中国东部季风区地域较为辽阔,各地区的自然条件差异较大,经济发展状况及农业生产、农作物分布等也具有较大的区域差异。东北地区是重要的粮食生产基地,农业机械化水平相对较高,是中国最大的玉米、大豆商品粮基地及糖料生产基地。华北地区是重要的粮食生产基地,主要作物包括小麦、棉、油等,同时也是重要的肉、奶产区。华东地区是中国重要的水稻、油菜产区,该区农业集约化程度高,交通便利,农业技术较发达,农产品商品化程度较高。华南地区由于热量充足,水田资源丰富,是重要的水稻和甘蔗产区。

中国东部季风区是中国工业化和城市化程度较高的地区,且中心城市较多集中在珠三角、长三角和环渤海地区等几处沿海地区。东北区作为老工业区,农业、轻工业与重工业的发展不均衡,近十多年来工艺设备老化,导致经济活力有一定程度的下降，技术提升，改造和振兴老工业基地是该区发展的主要方向。华北地区政治、经济、文化地位重要，区内煤矿资源丰富，是重要的工业区和农业区。华中地区水陆运输发达，技术及管理水平均较高，工农业发达，是重要的综合性工业基地。东南地区对外开放程度较高，具有较多经济特区与沿海城市，远洋航线发达，华侨及侨资较多，国际化程度也较高，是经济活力较高的经济区。

第 3 章　降水研究的主要数据与手段介绍

3.1　常用的降水及气象资料介绍

3.1.1　逐日降水序列

逐日降水量序列包含了全国 731 个降水站点的逐日降水量序列数据，降水站点的地理位置详见图 2-1。时间长度为 1960～2014 年，数据来源是中国气象局（China Meteorological Administration，CMA）的国家气象中心（National Climate Center，NCC）。

3.1.2　再分析资料

本书中的再分析数据使用了包含风场、比湿、相对涡度、位势高度、地面气压等多个气候变量的数据。这些气候变量数据的空间分辨率为 2.5°×2.5°。其中，向外长波辐射（outgoing longwave radiation，OLR）数据来自 NOAA[139]，这些数据可在 https://www.esrl.noaa.gov/psd/ data/gridded/data.interp_OLR.html 获得。逐日和逐月再分析数据来自欧洲中期天气预报中心（European Centre for Medium-Range Weather Forecasts，ECMWF）的 ERA-40 和 ERA-Interim 再分析数据集[140, 141]，该数据集可以从以下地址下载 https://www.ecmwf.int/en/forecasts/datasets/browse-reanalysis-datasets。

3.1.3　TC 最佳路径

西北太平洋地区的 TC 数据来自 NOAA。数据可从 http://www.nhc.noaa.gov/cyclones/ 网址获得下载。此外，TC 的路径数据是基于 TC 最佳路径数据集（international best track archive for climate stewardship，IBTrACS）的资料库，并基于此数据进行分析获得的。具体在本书中，TC 路径数据涵盖了 1961～2010 年西北太平洋海域夏季生成的 TC[120, 142]。

3.2　水文统计学及气象学方法

3.2.1　经验正交函数

经验正交函数（EOF）分解，是分析矩阵结构特征的主要手段，可以达到降

维分析或特征显示等目的。EOF 方法在引入气象和气候研究后，得到了广泛的应用[143-145]。变量场数据的矩阵表示为

$$X = (x_{ij})_{m \times n} = \begin{pmatrix} x_{11} & x_{12} & \cdots & x_{1n} \\ x_{21} & x_{22} & \cdots & x_{2n} \\ \vdots & \vdots & & \vdots \\ x_{m1} & x_{m2} & \cdots & x_{mn} \end{pmatrix} \tag{3-1}$$

式中，$i = 1, 2, \cdots, m$ 为空间序列（格点或站点等）；$j = 1, 2, \cdots, n$ 为时间序列。其协方差矩阵为

$$\Sigma = (\sigma_{ij})_{m \times m} = \frac{1}{n} XX' \tag{3-2}$$

利用奇异值分解的方法，计算协方差矩阵的奇异值，即可得特征根，如下：

$$\Lambda = \begin{pmatrix} \lambda_1 & 0 & 0 & 0 \\ 0 & \lambda_2 & 0 & 0 \\ 0 & 0 & \ddots & 0 \\ 0 & 0 & 0 & \lambda_m \end{pmatrix} \tag{3-3}$$

Λ 为 $m \times m$ 维对角阵。而矩阵的特征向量表示为

$$L_{m \times m} = (l_1, l_2, \cdots, l_m) \tag{3-4}$$

则特征根 $(\lambda_1, \lambda_2, \cdots, \lambda_m)$ 和特征向量 $L_{m \times m}$ 满足：

$$\Sigma_{m \times m} \times L_{m \times m} = L_{m \times m} \times \Lambda_{m \times m} \tag{3-5}$$

经验正交分解中，常把特征值从大到小排列，即 $\lambda_1 > \lambda_2 > \cdots > \lambda_m$，与每个特征根对应的特征向量值即称为 EOF，也称为模态。其中，λ_1 对应的特征向量即可称为第一 EOF 模态 $\mathrm{EOF}_1 = l_1$，而第 λ_m 对应的第 m 模态 $\mathrm{EOF}_m = l_m$。

根据 EOF 模态在原始数据矩阵 X 上的投影可以得到时间系数，表示如下：

$$\mathrm{PC}_{m \times n} = L'_{m \times m} \times X_{m \times n} \tag{3-6}$$

式中，每一行 PC 为对应模态的时间系数，如第 1 行即为第一模态的时间系数，第 m 行为第 m 模态的时间系数。

本书中，EOF 分析主要应用于第 6 章推导 MJO 指标，根据以往研究，MJO 可用大气长波辐射、低层和高层大气纬向风向的主要模态（EOF_1 和 EOF_2）反映[146]。

3.2.2　带通滤波

带通滤波（band-pass filter，BPF）方法是研究波和信号特征的常用方法，BPF 是可保留特定频段的波而把其他频段的信号屏蔽的方法，是一种可以用于研究指定频率范围内的频率信息，而把其他频率范围的分量影响降低到最小的常用方法。

在第 6 章中，为了更好地研究大气低频振荡的季节内变化特征，用于计算 MJO 指标的原始数据均经过 Lanczos BPF 处理，用于提取并保留 20～100 天区间长度的波长特征[112, 147]。本书中，MJO 指标的计算基于地球向外长波辐射（OLR）、850hPa 纬向风（U850）和 200hPa 纬向风（U200）三个气候场，经过 20～100 天 BPF 处理的逐日序列计算得出。而本书中的气候场的异常值序列，则是通过未经滤波处理的逐日原始序列减去多年平均值（本书中的平均值是计算同一日期下的多年平均值，从而得出全年各日的多年平均值，能较好地反映全年不同时期和不同日期下的逐日气候特征）得出其逐日异常序列的[146]。

3.2.3　信息熵理论

信息熵最初用于度量信息量的大小[148]。其公式为

$$H = -\sum p_i (\log_2 p_i) \tag{3-7}$$

式中，H 为信息量的大小；p_i 为第 i 个事件发生的概率。式中的对数运算以 2 为底，目的是便于满足二进制编码的需要，使所得的信息熵结果 H 以 bit 为单位，H 越大表示包含的信息量越大。

信息熵理论目前也用于研究不同地区水文系统的不确定性[37, 149]。Kawachi 等[150]基于信息熵理论描述了日本地区降水的不确定性，并基于等熵图解释了日本地区不同气候区划的降水特征，指出信息熵能较好地描述降水概率分布的不确定性。Mishra 等[151]基于信息熵理论研究了美国得克萨斯州降水的不确定性，并对比了信息熵与其他五种多样性指标，结果表明信息熵与其他多样性指数具有很高的相关性，且信息熵更能反映数据的概率密度函数的特性。本书第 4 章基于信息熵的观点分析了降水的不确定性，定义了强度熵（intensity entropy，IE）、分配熵（apportionment entropy，AE）、边际熵（marginal entropy，ME）等指标用于研究降水的时空变异情况[37]。

1. 强度熵

强度熵表示降水天数的月份分配。设第 i 月降水天数为 $n_i (i = 1, 2, \cdots, 12)$，全年降水天数 $N = \sum_{i=1}^{12} n_i$，每月降水天数占总降水天数比例为 n_i / N，强度熵表示为

$$IE = -\sum (n_i / N)(\log_2 (n_i / N)) \tag{3-8}$$

IE 越大表示强度熵包含的信息量越大，即降水天数在不同月份的占比差异越大。

2. 分配熵

分配熵表示降水量的月份分配。设第 i 月降水量为 $r_i (i = 1, 2, \cdots, 12)$，全年降水量

$R = \sum_{i=1}^{12} r_i$，每月降水量占总降水量比例为 r_i / R，分配熵表示为

$$AE = -\sum (r_i / R)(\log_2(r_i / R)) \qquad (3\text{-}9)$$

AE 越大表示分配熵包含的信息量越大，即降水量在不同月份的占比差异越大。

3. 边际熵

边际熵用于度量降水量序列的无序性，以降水量序列做频率分布处理，各降水量区间的频率视为该区间降水量的发生概率，再以信息熵公式计算所得的信息熵作为该序列的边际熵。

以某站点的日降水量序列 $R = r_1, r_2, \cdots, r_n$ 为例，n 表示降水天数，把 R 从小到大排序，并在降水量的最小值到最大值之间划分 k 个等距区间，得到 R 在每个区间下的频数，即每个降水量区间下的降水天数为 $i_1, i_2, \cdots, i_k$，计算每个降水量区间下的降水频率 $p_k = i_k / n$，继而可以得到每个区间的频率 $p_1, p_2, \cdots, p_k$，基于信息熵的算法，计算出的信息熵即边际熵：

$$ME = -\sum p_i (\log_2 p_i) \qquad (3\text{-}10)$$

式中，$i = 1, 2, \cdots, k$，p_i 为第 i 个降水量区间下的频率。ME 越大表示降水量在不同区间下发生的可能性越大，而 ME 越小表示降水量更偏向集中于特定的区间。

边际熵可以计算各种降水序列的无序性，如用站点各年的降水量序列计算所得的边际熵可用于表示该站点降水量的年际变化，而用某一年各站点的降水序列计算所得的边际熵可用于表示当年区域内降水的空间不均匀性。

4. 无序指数

无序指数（disorder index，DI）基于熵理论用于分析降水的不确定性，无序指数定义为最大可能熵值与实际熵值之差。

其中，最大熵值即等可能事件的熵值，假设试验由 n 种可能事件组成，当全部事件的概率相等时，信息熵达到最大值[151]（以强度熵与分配熵为例，各月降水分配均匀时最大熵值为 $\log_2 12 = 3.585$）。最大熵值的统计意义为信息量达到最大值，因此，取最大熵与实际熵之差用于表示事件的无序性。基于强度熵（IE）、分配熵（AE）、边际熵（ME），可以得到强度无序指数（intensity disorder index，IDI）、分配无序指数（apportionment disorder index，ADI）、边际无序指数（marginal disorder index，MDI）。本书中，信息熵理论主要用于第 4 章分析降水的不均匀性。

3.2.4　大气水汽运动的量化

水汽通量和水汽通量散度是描述水汽输送情况的常用手段[152-156]。水汽通量

的计算原理是计算单位时间内通过单位面积的水汽流量。特定气压高度下（如850hPa、200hPa 等）的水汽通量计算公式为

$$Q = \frac{vq}{g}$$　　　　　　　　　（3-11）

式中，Q 为水汽通量；v 为风速；q 为比湿；g 为重力加速度。

水汽通量散度包括水汽通量辐合和水汽通量辐散两种情况，水汽通量散度用于表示单位气团在单位时间内水汽通量的流入或流出情况。特定气压高度（如850hPa）下的水汽通量散度表示为

$$F = \frac{\partial Q_u}{\partial x} + \frac{\partial Q_v}{\partial y}$$　　　　　　（3-12）

式中，F 为水汽通量散度；Q_u 和 Q_v 分别为纬向和经向水汽通量。

3.2.5　TC 引发的降水的识别

本书中，TC 降水表示受到 TC 天气影响的相关降水情况，或者说是由 TC 引起的降水。在以往研究中，判断某个降水事件是否由 TC 引起通常基于降水站点是否位于 TC 的影响半径内（图 3-1）[157]。基于 Li 和 Zhou[157]及 Lau 等[158]的研究，800km 可以较有效地反映 TC 的影响范围。根据他们的研究，TC 的降水强度与影响半径有关，但对于研究多年平均 TC 降水的特征，TC 影响半径的个体差异并不是敏感因素（图 3-1）[157]。因此在本书中，采用 800km 作为 TC 的影响范围，用于判断降水事件是否由 TC 引起。

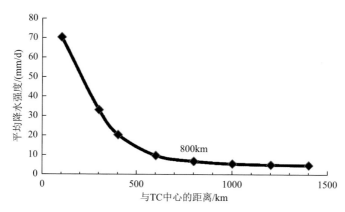

图 3-1　与 TC 中心不同距离下的平均降水强度[157]

其后，作者把中国东部季风区各站点的夏季极端降水划分为 TC 引起的极端降水和非 TC 引起的极端降水两种，以此区分该极端降水是否由 TC 引起。基于上述两种类型，计算出 TC 引起的极端降水的贡献率，即 TC 引起的极端降水占总极端

降水量的比例。本书中，极端降水指标采用的是每年夏季的最大连续 1 天、3 天和 7 天降水，以研究 TC 对极端降水的影响。因为这一极端降水指标的特征与 TC 引起的强降水的特征有相似的地方，均为降水强度大、持续时间较短的短历时强降水。本部分方法主要应用于第 5 章夏季降水的研究中。

3.2.6　主要影响的气候因子

1. WNPSH

WNPSH 是主导 EASM 活动的大气系统。WNPSH 可以基于 500hPa 或者 850hPa 位势高度定义。Lu[159]的研究表明使用 850hPa 位势高度定义 WNPSH 比 500hPa 位势高度的定义可以更好地反映 WNPSH 的纬向移动情况，且基于位势高度定义的 WNPSH 指标和基于相对涡度定义的 WNPSH 指标也得到相似的结果，表明位势高度及相对涡度可能均较好地反映了 WNPSH 的纬向移动特性。为了更好地描述 WNPSH 位置的年际变化情况，基于以往的研究[82, 159, 160]，采用 850hPa 相对涡度定义 WNPSH 指标，选取 WNPSH 对中国东部季风区造成影响的主要特征区域（即 15°N～30°N 及 120°E～150°E 之间的地区，图 3-2 中线框区域），基于该区域各个相对涡度异常的区域平均值并以此作为定义。该区域位于 WNPSH 的西沿，临近亚欧大陆，对中国东部季风区的影响有更密切的关系，因此该区域也能用于指示 WNPSH 的纬向移动[82, 159]。在该定义下，WNPSH 指标为正值时，表示 WNPSH 减弱（本书中 WNPSH 的增强/减弱仅表示在上述 WNPSH 指标定义的地区的加强或减弱情况），WNPSH 向东偏移，远离亚欧大陆，因此

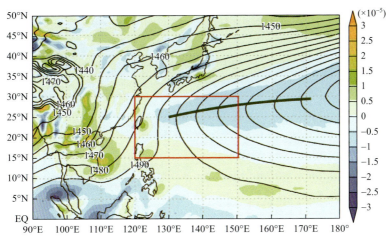

图 3-2　夏季多年平均 850hPa 相对涡度（颜色填充图，s^{-1}）与位势高度（等值线图，m）

线框区域表示 WNPSH 指标定义区域

对东亚地区的气候影响也较小；而 WNPSH 为负值时，表明 WNPSH 在西北太平洋地区加强，WNPSH 向西移动，对东亚地区有较大的影响。该定义主要应用于第 5 章研究中。

2. MJO

MJO 是季节尺度下热带地区表现出的重要气候信号之一。MJO 是海-气耦合系统表现出的一种振荡信号[100, 101]。对于 MJO 事件的识别，近赤道地区的水平纬向风场与向外长波辐射等变量通常能较好地反映热带对流中心的移动（图 3-3）[161]。而 Wheeler 和 Hendon 于 2004 年提出了一种辨识 MJO 事件的方法[162]，其是基于多变量的 EOF 分解得出的。使用的变量包括近赤道地区（15°S～15°N）的向外长

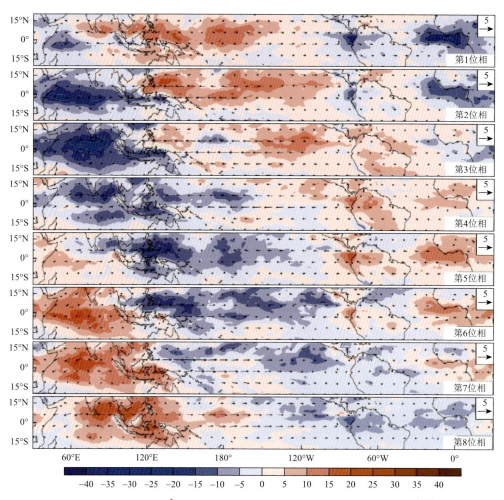

图 3-3　OLR（W/m²）与 850hPa 风场（m/s）在 MJO 各位相的情况[161]

波辐射、850hPa 纬向风和 200hPa 纬向风的平均值，它们在 MJO 研究中得到了较为广泛的应用[104, 113, 114]。本书中，MJO 事件定义参考了由 Waliser 等[146]提出的方法，是根据带通滤波后的地球向外长波辐射（OLR）、850hPa 纬向风（U850）和 200hPa 纬向风（U200）三个气候因子的变量在近赤道地区（15°S~15°N）的平均值，进行 EOF 分解后所得到的。前两个模态时间系数称为 RMM1 和 RMM2，用于定义 MJO 指标。

实时的 RMM 指标数据可以在澳大利亚气象局下载获得（图 3-4，http://www.bom.gov.au/climate/mjo/）。需要注意的是，本书中 RMM 数据基于带通滤波后的 OLR、U850 和 U200 计算得出。这可以更好地表现季节尺度的属性（20~100 天）。

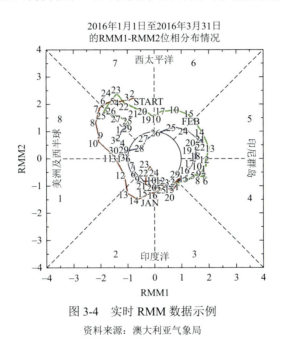

图 3-4 实时 RMM 数据示例

资料来源：澳大利亚气象局

3. 活跃 MJO 事件与非活跃 MJO 事件

MJO 指标在本书中定义为 $\sqrt{RMM1^2 + RMM2^2}$。当日 RMM 指标大于 1 时，该日定义为活跃 MJO 日，相反，RMM 指标小于 1 时，该日定义为非活跃 MJO 日。本书中，冬季的时段定义为北半球的冬半年[146]，即该年 11 月一直到次年 4 月，共 6 个月。由于 MJO 活动的周期为季节尺度，周期为 20~100 天，本书中选取连续 91 天时段作为较完整的一个 MJO 事件[163]。MJO 活动的强度能够基于 RMM 指标进行量化。本书中，活跃 MJO 事件与非活跃 MJO 事件的选取基于以下几步。

（1）基于 91 天的窗口期对各年逐日的 RMM 指标序列进行滑动平均处理，可以得到每一年的冬季 91 天滑动平均 RMM 指标序列。

（2）取每年的 91 天滑动平均处理后的 RMM 指标序列的最大值，用于表示该年 MJO 活动强度最高的时期，可以得到 1979～2012 年各年 RMM 指标的最大值序列。同理，可以得到 1979～2012 年各年 RMM 指标的最小值序列。

（3）把每年 RMM 指标最大值的逐年序列进行标准化处理，把超过 1 个标准差范围的年份定义为最活跃的 MJO 事件所在的年份，即这些极端年份下均存在 MJO 活动强度最高的时期。同理，可以得到 MJO 活动强度最低的时期所在的年份。

（4）通过上述步骤可以找出研究时段内 RMM 指标最高和最低的时期。由于选取的极端 RMM 指标均由 91 天窗口期通过滑动平均处理得到。本书具体 RMM 指标最高和最低的时期分别如下：

RMM 指标最高的时期为：①2004 年 01 月 06 日至 2004 年 04 月 05 日；②1984 年 12 月 26 日至 1985 年 03 月 26 日；③1997 年 01 月 30 日至 1997 年 04 月 30 日；④1989 年 12 月 29 日至 1990 年 03 月 30 日；⑤2012 年 01 月 29 日至 2012 年 04 月 28 日；⑥1988 年 01 月 21 日至 1988 年 04 月 20 日。

RMM 指标最低的时期为：①1983 年 12 月 22 日至 1984 年 03 月 21 日；②1980 年 11 月 19 日至 1981 年 02 月 17 日；③2000 年 01 月 17 日至 2000 年 04 月 16 日；④2010 年 12 月 07 日至 2011 年 03 月 07 日；⑤1995 年 11 月 28 日至 1996 年 02 月 26 日；⑥1990 年 12 月 26 日至 1991 年 03 月 26 日。

根据上述定义 MJO 活跃事件与 MJO 非活跃事件，本书余下部分的 MJO 活跃/非活跃事件均表示上述 RMM 指标最高/最低的时期。

3.2.7 趋势检验方法

本书采用改进的基于秩的非参数的 Mann-Kendall（modified Mann-Kendall，MMK）来检测极端降水的变化趋势。这种由 Mann 和 Kendall 提出来的趋势检验方法可以有效地区分自然过程的变化趋势。在趋势检验中的计算公式为

$$S = \sum_{i=1}^{n-1} \sum_{j=i+1}^{n} \text{sign}(x_i - x_j) \tag{3-13}$$

式中，sign( ) 为符号函数；n 为序列长度。

对于一时间序列 $\{x_i\}(i=1,2,3,\cdots,n)$，构造一个新序列 d_k，表示第 i 个样本 $x_i > x_j (1 < j < i)$ 的样本累积数，则 d_k, r_i：

$$d_k = \sum_{i=1}^{k} r_i ; r_i = \begin{cases} 1, x_i > x_j \\ 0, x_i < x_j \end{cases} \qquad j=1,2,3,\cdots,i; k=1,2,3,\cdots,n \tag{3-14}$$

d_k 的均值 $E(d_k)$ 和方差 $\text{Var}(d_k)$ 的计算方式如下：

$$E(d_k) = \frac{n(n+1)}{4} \tag{3-15}$$

$$\mathrm{Var}(d_k) = \frac{n(n-1)(2n+5)}{72} \tag{3-16}$$

在时间序列随机独立假设下，定义统计量：

$$\mathrm{UF}_k = \begin{cases} 0 & k=0 \\ \dfrac{d_k - E(d_k)}{\sqrt{\mathrm{Var}(d_k)}} & 1 \leqslant k \leqslant n \end{cases} \tag{3-17}$$

式中，UF_k 为标准正态分布，若 $\mathrm{UF}_k > 0$，序列呈上升趋势，若 $\mathrm{UF}_k < 0$，序列呈下降趋势。在给定显著性水平 α_0 条件下，查正态分布表可以得到临界值 U_α，$|\mathrm{UF}_k| > U_\alpha$，即表明序列上升或下降的趋势通过 α_0 水平的显著性检验。例如，取 $\alpha_0 = 0.05$，置信度为 95% 的显著性检验，临界值 $U_\alpha = 1.96$。

对于非正态分布的水文气象数据，Mann-Kendall 检验方法在检测数据趋势方面表现出较大的优势，主要体现为：①无须对数据系列进行特定的分布检验，即使对于极端值也无须做特殊的处理即可进行趋势检验；②允许序列有缺失值；③主要分析相对数量级而不是数字本身，这使得微量值或低于检测范围的值也可以参与分析；④在时间序列分析中，无须指定是否是线性趋势。传统的 MK 检验未考虑到水文气象序列中自相关性对检验结果的影响，而 Hamed 和 Rao[164]提出的 MMK 检验则考虑了序列中不同延时的自相关性。本书 MMK 检验在 95% 置信水平下进行趋势的显著性检验。同时对于斜率估计，本书采用非参数的 Sen 斜率估计以避免序列奇异值的影响。

在对于多站点地区的趋势检验中，有可能会出现若干个具有显著趋势的站点，然而该地区的趋势却不一定显著。为了更好地显示出区域的显著性检验，本书采用 Monte-Carlo 模拟方法将研究地区的趋势模拟 1000 次，N 代表呈显著趋势的站点数量，随机模拟中，具有显著趋势站点数量大于 N 的概率代表区域显著性水平 p。

3.2.8　Poisson 回归分析

Poisson 回归（Poisson regression）[165]是一种广义线性模型（generalized linear model），适用于因变量呈 Poisson 分布的数据。泊松分布是一种常见的离散概率分布，由法国数学家 Siméon-Denis Poisson 在 1838 年时发表并命名。Poisson 分布适用于描述单位时间内随机事件发生的次数。实例中，当一个随机事件（如来到某公共汽车站等候汽车的乘客、显微镜下某一个区域的白细胞和自然灾害的发生等）以固定的平均瞬时速率 λ 随机且独立地出现时，那么这个时间在单位时间或单位面积、体积内出现的次数或个数就近似地服从 Poisson 分布 $P(\lambda)$。因此，Poisson

分布在管理科学、运筹学以及自然科学的许多问题中都占有重要地位。Poisson 分布的概率函数为

$$P(N_i \mid \lambda_i) = \frac{\lambda_i^k}{k!} \mathrm{e}^{-\lambda_i} \qquad k = 0, 1, 2, \cdots \tag{3-18}$$

式中，λ_i 为单位时间内随机事件的发生概率，为非负随机变量。

广义线性模型的通用公式为

$$g(\mu) = \beta_0 + \beta_1 x_1 + \beta_2 x_2 + \cdots + \beta_m x_m \tag{3-19}$$

等式右边的 $\beta_1, \beta_2, \cdots, \beta_m$ 为与自变量 $x_1, x_2, \cdots, x_m$ 对应的参数，实际应用中理解为各个自变量对因变量的影响效果；等式左边的 $g(\mu)$ 为一个链接函数，通过指定的链接函数即数据分布，广义线性模型可以转化为相应的具体模型（表 3-1）。

表 3-1　常用的链接函数

分布	链接函数	数学表达式	模型
正态分布	恒等函数	$g(\mu) = \mu$	线性回归模型
二项分布	Logit 函数	$g(\mu) = \ln\left(\dfrac{F(x)}{1 - F(x)}\right)$	Logistic 回归模型
Poisson 分布	对数	$g(\mu) = \ln \lambda$	Poisson 回归模型

其中，Poisson 分布的链接函数为对数，其数学表达式为

$$g(\mu) = \ln \lambda \tag{3-20}$$

通过对数链接公式：

$$\lambda_i = \exp(\beta_0 + \beta_1 x_i) \tag{3-21}$$

本书运用 Poisson 回归来分析每年 TC 极端降水天数与 ENSO 的关系。

3.2.9　Logistic 回归分析

Logistic 回归[166]也是广义线性模型（generalized linear model）的一种，适用于因变量呈二项分布的数据。二项分布即为重复 n 次独立的伯努利试验，在每次试验中只有两种可能的结果，而且两种结果发生与否相互对立，如"发生"与"不发生"、"通过"与"不通过"，通常将"发生"与"通过"类的结果记为"1"，"不发生"与"不通过"类的结果记为"0"。

由 3.2.8 节可知，Logistic 分布的链接函数为

$$g(\mu) = \ln\left(\frac{F(x)}{1 - F(x)}\right) \tag{3-22}$$

式中，$F(x)$ 为因变量为 1 的概率。

代入广义线性模型通用公式，得出

$$\frac{F(x)}{1-F(x)} = \exp(\beta_0 + \beta_1 x) \qquad (3\text{-}23)$$

本书运用 Logistic 回归来分析 TC 引起的每年最大一日降水与 ENSO 的关系。

3.2.10　拉格朗日混合单粒子轨道模型

拉格朗日混合单粒子轨道模型（hybrid single particle Lagrangian intergrated trajectory model，HYSPLIT）是由 NOAA 的空气资源实验室（Air Resources Laboratory，ARL）和澳大利亚气象局联合研发的一种用于计算和分析大气污染物输送、扩散轨迹的专业模型。该模型是一个十分完整的系统，具有处理多种气象要素输入场、多种物理过程和不同类型污染物排放源功能的较为完整的输送、扩散和沉降模式，已经被广泛地应用于多种污染物在各个地区的传输和扩散的研究中。HYSPLIT 模型的计算方法是拉格朗日法的混合体，在计算轨迹或空气团的平移和扩散时使用了运动参考系。20 世纪 80 年代早期，第一版的 HYSPLIT 模型被开发出来[167]，在初始版中，地表附近的气团的轨迹可以被连续追踪数天，根据每天两次的探空观测数据（非插值）计算风速。该模型用于模拟在大气中采样的 Kr-85，并在两个月的实地试验期间在美国中西部的多个地点采样[168]。后来，第二版的 HYSPLIT 包括使用插值的探空观测数据或其他可用的测量数据来估计在空间和时间上变化的垂直混合系数[169]。这个模型版本被用来模拟阿巴拉契亚示踪实验。在 20 世纪 90 年代初之前，HYSPLIT 仅使用非常有限的空间（如 400km）和时间（如 12h）分辨率的原始探空观测来计算传输和扩散。直到 HYSPLIT 第三版，该模型才使用了嵌套网格模型（nested grid model，NGM）等气象模型的网格输出数据。该版本用于模拟整个北美示踪实验。到 20 世纪 90 年代末，许多新功能已被纳入 HYSPLIT 第四版，如自动地依次使用水平分辨率由细到粗的多个气象网格，以及根据垂直扩散剖面、风切变和风场水平变形计算分散率。过去近 20 年里，HYSPLIT 已经纳入了许多关于计算扩散和运输方面的新方法，这里只作简要介绍，具体可参考 http://dx.doi.org/10.1175/BAMS-D-14-00110.2 网站上的介绍。

由于风的平均平流而在时间步（$t+\Delta t$）处计算新位置决定了粒子将跟随的轨迹。也就是说，根据三维速度矢量 V 在其初始位置和初始位置的平均值计算位置矢量 P_{mean} 随时间的变化[170]。

$$P_{mean}(t+\Delta t) = P_{mean}(t) + \frac{1}{2}[V(P_{mean},t) + V(\{P_{mean}(t) + [V(P_{mean},t)\Delta t]\}, t+\Delta t)]\Delta t \quad (3\text{-}24)$$

上式即为计算 HYSPLIT 轨迹的基础。

　　前向和后向轨迹的计算允许通过描述气流模式来解释在不同空间和时间范围内的气团的输送。频繁的轨迹可以用来追踪大气历史或预测空气团的运动，还可以用来研究相关的风力模态。对于在空间和时间上存在共同点的轨迹，可以通过分组来简化对这些轨迹的分析，并且可以减少研究大气运输路径中的不确定性。

　　HYSPLIT 建模系统目前可以使用单个处理器在个人计算机、Mac 或 Linux 平台上运行。Mac 和 Linux 可以使用基于消息传递接口（MPI）实现的多处理器并行环境计算。该系统能够使用当前（如今天）预测气象数据运行模型。该版本也称为单机版 HYSPLIT，可以通过 https://ready.arl.noaa.gov/HYSPLIT.php 网站下载。

　　另一种可以获取公开的气象数据并运行 HYSPLIT 轨迹模拟的方式是通过由 ARL 开发和维护的实时环境应用和显示系统（real-time environmental applications and display system，READY）[171]。READY 将 ARL 多年生成的轨迹和散布模型，图形显示程序和文本预测程序汇集成一种特别易于使用的形式。这种方法无须安装软件，所有数据均可在 https://ready.arl.noaa.gov/HYSPLIT.php 网站上在线使用，所以一般也称为在线版 HYSPLIT。

3.2.11　曲线聚类分析

　　聚类分析是理解和研究大型数据集时常用到的处理方法。曲线聚类作为一种方法论可以看作是专注于特定类型的数据集的一种算法。一般情况下，聚类算法主要用于分析点和固定尺寸的特征向量。然而，曲线通常由可变数量的测量值组成，这些测量值的测量时间间隔大小不一定相同，并且可能存在一定数量的缺失值。与特征向量相比，曲线包含平滑信息，这些信息约束了观察从一次测量到下一次测量的方式。

　　Curve Clustering Toolbox 是一个 Matlab 工具箱，它实现了一系列基于概率模型的曲线对齐聚类算法。聚类模型本身基于多项式和样条回归混合模型，可以在测量空间和时间中连续进行曲线对准。该工具箱目前包含来自 K-means 的超过 15 种不同的聚类方法、高斯混合模型、多项式回归混合模型、样条回归混合模型，以及各种时间对齐、空间对齐以及时间和空间对齐的回归混合模型。

第4章 中国东部季风区降水特征及大气环流背景

本章首先分析中国东部季风区降水特征，基于统计方法对中国东部季风区不同时间尺度的主要降水特性做了总体分析。其次分析中国东部季风区不同时期气候环流特征，以及不同季节下影响该区降水的主要气候因素。由于中国东部季风区降水时空分布极其不均匀，本章最后分析基于信息熵理论的降水不均匀性和降水不均匀性空间特征。

本章按以下内容组织：4.1 节基于常用统计手段分析了近数十年中国东部降水的总体特征；4.2 节基于再分析数据与气象数据分析实际降水背后中国东部季风区的环流背景和水汽输送条件；4.3 节和 4.4 节基于信息熵理论对中国东部季风区降水的不均匀性进行分析，从降水空间分布、年内分配以及不同时间尺度的年际变化等方面分析降水的不均匀性；4.5 节总结了本章的主要内容。

4.1　中国东部季风区降水特征

图 4-1 为中国东部季风区各站点全年总降水量情况，反映了各站点近数十年降水的空间分配总体特征。各站点降水量的大小以不同颜色展示，红黄色表示降水较少的站点，而蓝绿色表示降水较多的站点。从图 4-1 可以看出，中国地区实际降水呈现出明显的空间差异。总体来说，中国地区降水量呈现从东南向西北逐渐减少的空间分布规律。降水最大的地区在中国东南部沿岸地区，如广东、海南、福建等地，这些地区降水充沛，大量站点的年降水量均超过 1800mm。随着向西北方向的推移，降水量逐渐减少，到了华北地区南部，四川、云南大部分地区等，这些地区的年降水量一般为 800~1000mm。而在中国东部季风区以外的西北地区，如内蒙古、新疆等地，站点的年降水量一般小于 400mm。说明中国各地降水量的空间分配极其不均匀，东部季风区是中国降水最多的地区。

因此，从中国降水站点的实测降水数据可以看出，中国降水的空间分布极度不均匀，东部季风区降水量一般在 400mm 以上，对于东南部沿海地区，部分站点降水量可超过 2000mm。中国东部季风区降水主要为季风降水，主要降水区域为季风性气候，而中国西北地区因为位于亚欧大陆内部地区，可能较少受到季风气候的影响，这也可能是该区降水量较少的主要气候原因。季风气候的影响范围对中国降水量和降水的空间分布具有重要的影响，因此，对中国东部季风区的降水特征和降水机理的探究十分必要。

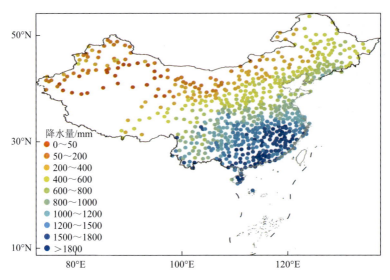

图 4-1 中国东部季风区各站点全年总降水量情况

　　由于季风气候具有明显的季节特征,季风气候的降水量也具有明显的季节差异。图 4-2 显示了中国东部季风区区域平均多年各季节(月份)降水量情况。从中可以看出,四季降水差异明显,夏季降水量为全年降水最集中的季节,而春季和秋季降水次之,冬季降水极少,冬季各月降水量均在 33mm 以下。各月降水量随着时间具有明显的变化规律。可以看到,对比各月降水,中国东部季风区区域平均降水量最大的月份为 7 月,达到 187mm 左右,而最小的月份为 12 月和 1 月,约为 24mm,这意味着冬季 12 月和 1 月等时期中国东部季风区区域平均日降水量不到 1mm,这些时期可能表现为寒冷干燥的气候。中国东部季风区降水的年内分配和变化规律可总结为:冬季降水量较少,气候寒冷干燥,降水自 1 月到 7 月开始逐渐增加,尤其是春季期间,降水量呈现出迅速增加的趋势,夏季气候炎热潮湿,降水

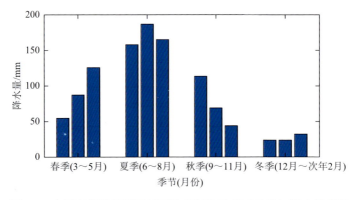

图 4-2 中国东部季风区区域平均多年各季节(月份)降水量情况

充沛，7 月降水量达到全年最大，其后月降水量逐渐减少，在秋季降水量呈现迅速减少的特征。到了 12 月，降水量达到全年最小。中国东部季风区的月降水量反映出季风区内的降水在年内分配极度不均匀，同时各季节各月降水呈现出明显的变化规律和随时间变化的趋势，夏季降水最为充沛，冬季最为干燥，而春/秋季分别是降水量增加/减少最为明显的时期。

上述研究分析了各个季节降水量的季节差异及月份分配，为了进一步研究降水在不同季节的变化情况，本书基于降水强度分析了不同季节降水的变化和差异。

图 4-3 是 1960～2014 年中国东部季风区区域平均降水在各季节下的平均日降水量。图 4-3 主要反映降水量及降水强度在不同季节下的对比情况，而不是对季节降水总量的反映，采用日降水量是由于各季节总日数有差异。此外，春季总天数在不同年份也可能有差异。对于研究降水强度在各季节的对比情况，采用日平均降水量能更准确地反映各季节降水情况的特征和降水量级的对比。

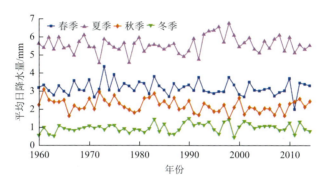

图 4-3　1960～2014 年中国东部季风区区域平均降水在各季节下的平均日降水量

从图 4-3 可以看出，中国东部季风区不同季节的降水具有明显的年际变化。总体来说，夏季平均日降水量较大，且夏季降水较其他季节均较多，降水强度最高的年份，其相应的夏季日平均降水量可接近 7mm，且夏季降水强度与其他季节降水强度相比差异也较大，说明降水可能更集中于夏季。其次，春季也有一定程度的降水量，秋季降水一般较春季少，而冬季为降水量最少的季节，中国东部季风区各站点平均冬季日降水强度大部分年份均在 1mm 左右。可以说，降水强度最大的为夏季，最小的为冬季，春秋两季一般以春季降水较多，但两季节之间降水强度相差较少，部分年份如 1972 年、1982 年、2011 年等，春季与秋季的降水强度接近，甚至秋季的降水强度可能较春季稍大。从降水强度的年际差异分析，各季节降水强度具有较大的年际差异，夏季降水日平均降水强度较小的年份仅为 4.5mm/d 左右（如 1972 年和 1978 年），而最大的年份可达 7mm/d 左右（1998 年），夏季降水强度的年际变化幅度可达 2.5mm/d 左右。而冬季降水强度最大的年份在 1.5mm/d

左右，而最小的年份仅为 0.4mm/d 左右，降水强度变化幅度可达 1.1mm/d，其绝对值相对夏季降水强度的变化幅度可能较小，但考虑两个季节降水强度的量级和平均基数的差异，实际上冬季降水的年际变化可能较夏季大。同时可以看出，即使在考虑降水强度的年际变化情况下，降水强度较小的年份，夏季降水强度与其他季节降水的降水强度仍有较大差异，夏季仍为中国东部季风区降水强度最高的时期，说明中国东部季风区的降水主要集中于夏季。

　　从以上研究可以知道，中国东部季风区的降水量在总体的空间分布和年内的时间分配上具有强烈的不均匀性，且各季节降水强度也有较大差异。因此，为了进一步分析研究区季节降水的空间特征，图 4-4 显示了各站点四季平均日降水量的空间分布情况。图 4-4（a）～（d）分别表示春季、夏季、秋季、冬季四季的日降水情况。四个季节采用统一的图例，图中红黄色站点表示降水较少的站点，其中深红色站点表示季节内日平均降水量不超过 1mm 的站点，而蓝绿色站点表示降

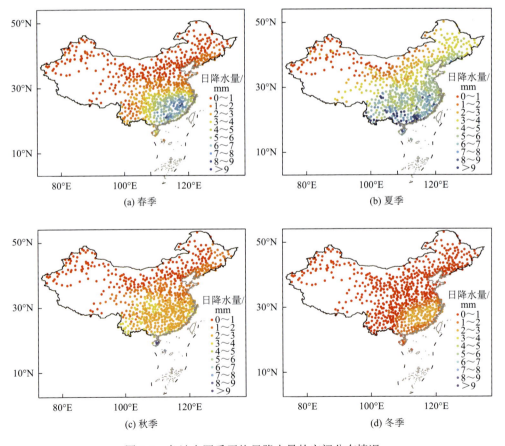

图 4-4　各站点四季平均日降水量的空间分布情况

水较多的站点，深蓝色站点表示季节内日平均降水量超过 9mm 的站点。从图 4-4 可以看出，各季节降水量具有明显的空间分异规律。

图 4-4（a）表示各站点春季平均日降水量，可以看出，降水最明显的区域为中国东南部的亚热带地区，该区大量站点春季平均日降水量超过 6mm，而对于中国其他大部分地区，其春季降水强度均小于 4mm/d，如江淮地区、长江中下游地区、四川等地，春季日平均降水量一般在 3~4mm，而华北地区、辽宁等地，春季日降水仅为 1~2mm，西北地区大部分站点春季日降水量一般不超过 1mm。

而到了夏季 [图 4-4（b）]，中国南方降水强度最大，热带地区及北回归线附近地区如海南、广东、广西以及云南南部等地区，部分站点的降水强度超过 9mm/d，随着纬度的增加，到长江中下游及华北地区，降水强度减弱至 5mm/d 左右，对于中高纬度地区，降水强度一般低于 5mm/d，对于华北地区、东北地区及环渤海地区等温带沿岸地区，部分站点的降水量可达 4~5mm/d，部分非沿岸区域如内蒙古等在夏季也具有一定的降水强度（1~3mm/d），因此，可以说明夏季季风气候影响的范围较大，季风影响的范围可能到达内蒙古等部分非沿岸地区，为这些地区带来一定程度的降水。随着与海岸线距离的增加，新疆等西北地区的夏季降水强度低于 1mm/d，说明这些地区在夏季降水量也可能较少。因此可以看出，夏季降水强度大致随着纬度的增加而减少，表明降水可能主要来源于南部热带地区，如南中国海、印度洋、西太平洋热带地区的海域等，基于大气运动及气候因素这些水汽在夏季对中国东部地区造成影响，使得夏季中国东部从南到北呈现降水强度减少的现象。

而对于秋季降水 [图 4-4（c）]，降水强度的空间分布主要仍表现为南多北少，热带低纬度地区，尤其是海南等地，部分站点的秋季平均降水强度仍超过 9mm/d，而随着纬度的增加，降水强度迅速减少，中国东南部沿岸地区至长江中下游地区、江淮地区一带的亚热带地区，秋季降水强度一般为 2~5mm/d。而华北地区、环渤海地区及东北地区等温带沿海地区，降水强度一般为 1~3mm/d，降水量开始减少，西北内陆地区则一般不超过 1mm/d，说明秋季季风气候的影响范围已退缩至亚热带及热带低纬度地区，对中高纬度温带地区的影响则可能较小。

图 4-4（d）表示冬季降水强度的空间分布情况。可以看出，在冬季中国大部分地区的降水强度均较小，仅在东南部亚热带沿海地区有一定程度的降水，且这些地区的降水强度一般不超过 3mm/d。而对于研究区域其他地区的大部分站点，包括中高纬度温带地区，如华北地区、东北地区以及西北部内陆地区等，降水强度均在 1mm/d 以下，说明冬季研究区域降水可能均较少，中国冬季普遍较为干旱。因此可以说明，冬季季风活动可能没有为中国带来充沛的降水，冬季风主导下的冬季气候不利于中国东部季风区降水的发生。

从四个季节降水强度的横向对比可以看出，中国东部季风区降水量具有明显的季节周期变化，季风气候在不同季节造成的影响，包括降水量和影响范围等具有明显差异。夏季风是中国东部季风区降水的主要来源，影响范围覆盖中国东部季风区。而受季风气候活动影响最明显的区域是中国东南部亚热带地区，该区也是中国降水强度最高的地区。春季中国东部降水强度较大的地区主要集中在东南部沿海地区，而温带中高纬度地区及西北内陆地区较为干旱，其后在夏季受到夏季风影响，此时中国东部季风区降水均较强烈，该时期也是中国东部季风区降水最为集中的时间段，尤其对于中国南部，降水强度大，容易引起强降水甚至洪涝灾害等，而华北、东北等地也有一定程度的降水。到了秋季，季风区降水均迅速减少，仅有热带海南等地仍维持较强的降水强度，亚热带地区仍可观察出一定强度的降水，而中高纬度温带地区可能已开始进入干旱期，降水较少。到了冬季，全国降水均较少，仅在中国东南部沿海的亚热带地区仍有一定的降水强度，且降水量较少，而中高纬度地区主要为干旱气候，中国东部季风区的冬季气候可能均较为干旱。

　　本书对各季节降水强度进行了进一步的划分，以更深入分析全年不同时期降水强度的变化，图4-5与图4-4类似，但表示各站点各月份平均日降水量的空间分布情况。

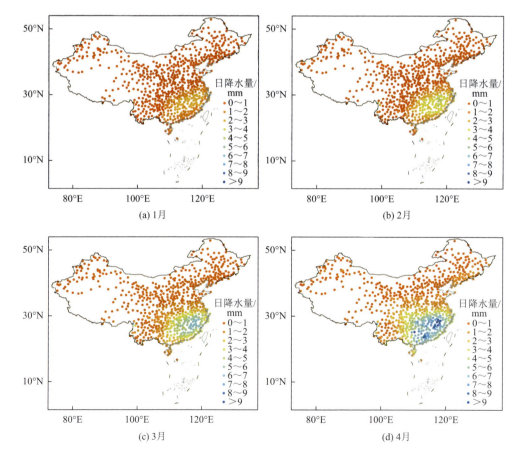

(a) 1月　　　　　　　　　　　　　　　　(b) 2月

(c) 3月　　　　　　　　　　　　　　　　(d) 4月

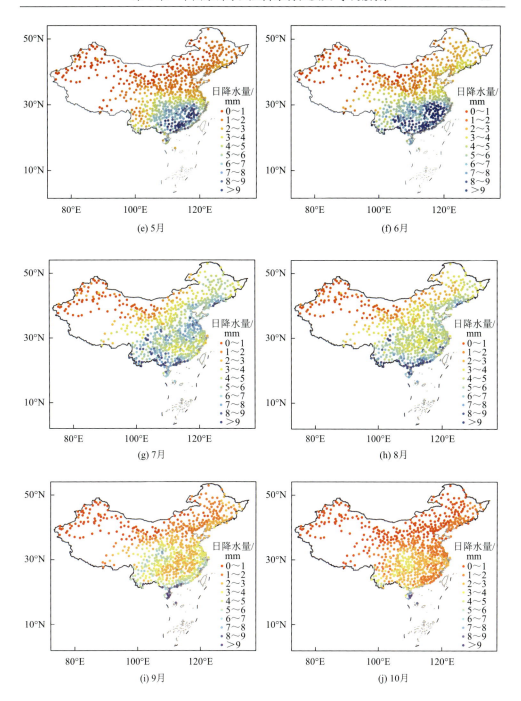

(e) 5月

(f) 6月

(g) 7月

(h) 8月

(i) 9月

(j) 10月

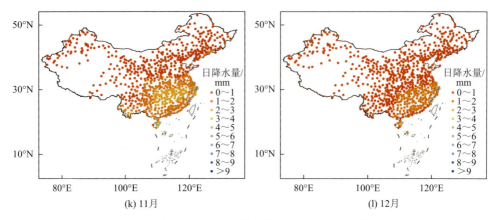

(k) 11月　　　　　　　　　　(l) 12月

图 4-5　各站点各月份平均日降水量的空间分布情况

从图 4-5 可以看出，1 月 [图 4-5（a）] 全国各地的降水强度均较低，仅在 30°N 左右的中国东南部的亚热带地区，即长江下游一带，可观察到一定程度的降水现象，且降水强度较低，均不超过 3mm/d。到了 2 月 [图 4-5（b）]，该区降水则开始明显增加，且降水的范围有所扩大，中国东南部地区大量站点开始表现出明显的降水，降水强度达到 3～4mm/d。但对于其余大部分中国东部季风区，如华北、东北以及西北地区仍难以观察到明显的降水现象。

到了 3 月 [图 4-5（c）]，中国东南部地区降水开始继续增加，部分地区如江西、福建以及长江中下游等部分站点的降水强度已达到 6～7mm/d，中国东南部已表现出较为明显的降水现象。到了 4 月 [图 4-5（d）]，中国东南部沿海的亚热带地区大量站点呈现出较强的降水现象，部分站点降水强度超过 8mm/d，且可以观察出，部分中高纬度沿海地区，包括华北及辽宁等地也开始出现一定程度的降水现象。

到了 5 月 [图 4-5（e）]，可以观察出中国东南部亚热带沿岸地区的降水进一步增强，较多站点的降水强度超过 9mm/d，中国南部沿海地区开始出现明显的降水期，降水充沛，中国东部季风区降水呈现明显的纬向分布规律，随着纬度的增加，降水强度也逐渐减弱，以长江中下游及秦岭一带为界，中国北方地区的降水强度在 5 月一般为 3mm/d 以下，而南方地区的大量站点降水强度均超过 6mm/d。因此，到 5 月，中国的降水仍主要集中在东南部沿海地区，而北方地区的降水仍较少。到了 6 月 [图 4-5（f）]，中国南方的降水强度进一步增加，且降水影响范围逐渐扩大，从华南到长江中下游地区的降水强度均较大，主要的降水区域包括中国东南部地区以及长江中下游地区到华北地区的南部等。此外，云南南部等西南地区也开始出现较为明显的降水现象。

从图 4-5（g）可以看出，到了 7 月，中国东部季风区出现大范围的降水，且北

方地区，包括华北地区、环渤海地区以及东北地区等均出现了明显的降水，这些
地区大量站点的降水强度超过 6mm/d，而对于距离海岸线较远的地区包括中国
中部地区，以及黄河流域中游地区等均出现了一定程度的降水，可以推测该时期
夏季风的活动和影响范围广泛，中国东部季风区均受到夏季风的影响，降水量较
多。到了 8 月［图 4-5（h）］，中国东部季风区大部分地区仍表现出明显的降水，
但降水量已开始减少，降水强度最大的地区再次集中在北回归线附近及其南部的
热带地区，如广东、广西南部、云南南部、海南等地。而中高纬度地区的降水强
度则开始减少。

到了 9 月［图 4-5（i）］，中国东部季风区的降水继续减弱，降水带范围也相
应减小，亚热带及温带地区的降水强度大幅减少，大量站点的降水强度均为 2～
3mm/d，仅在海南等热带地区仍有较高的降水强度。从 10 月［图 4-5（j）］降水
强度的空间分布可以看出，中国东部季风区降水迅速减少，虽然仍有一定程度
的降水，但除海南的部分站点，中国东部季风区各地已开始表现为较低的降水
强度，这可以说明夏季风的影响已经开始减弱，其影响范围已退缩至海南等南
中国海海域附近的沿海区域，难以为中国东部大部分地区带来降水，气候由湿
润开始变得干燥。

到了 11 月［图 4-5（k）］，中国东部季风区的降水量继续减少，中国北方大部
分地区如华北地区、东北地区等季风气候区已开始变得较为干旱，降水强度低于
1mm/d。中国南方仍有一定降水，但海南等热带地区的降水强度均已大幅减少，
中国东部季风区普遍表现为干燥或干旱的情况，降水量较少，可以表明此时逐渐变
为冬季风主导，气候干燥寒冷。而 12 月［图 4-5（l）］的降水强度的空间分布表明，
中国东部季风区在 12 月已基本表现为干旱气候，各地降水均较少，中国东南部地
区有一定程度降水，但降水强度较低，一般不超过 3mm/d，说明中国东部季风区
此时可能主要受冬季风主导，较为干旱且降水较少。

从图 4-5 可以看出，中国东部季风区各月降水变化明显，且 1～12 月的降水
强度变化形成了较完整的周期，呈现明显的周期变化特征。具体表现为，12 月与
1 月是季风气候区最为干旱的时期，研究区域受冬季风主导，大部分地区气候干
旱，仅在中国东南部地区出现一定程度的降水且降水强度较小。其后，中国东部
季风区开始受到夏季风影响，春季降水强度迅速增加，降雨带明显向北扩张，季
风区各地降水均表现出明显的增加趋势，降雨带自中国南部热带地区，逐渐向北
回归线附近亚热带地区、云南地区以及长江中下游地区等扩张。到了夏季，7 月，
中国东部季风区的降水强度达到最大，中国东部季风区普遍表现为湿润气候，包
括热带及亚热带地区，以及中高纬度温带部分地区如华北地区，中国东部及东北
部地区等均出现了一定程度的降水，夏季风影响区域覆盖中国东部季风区，为中
国东部季风区带来大量降水。自 8 月开始夏季风影响开始减弱，降水带南退，季

风区仍存在一定强度的降水，但降水量开始大幅减少，秋季各月全国各地降水量迅速减少，主要降水带向南退缩至热带地区如海南地区等，到了11月及12月，中国东部季风区各地降水量均已较小，季风区气候较为干旱，主要受冬季风主导，中国东部季风区的降水变化及降水带的移动由此形成较为完整的变化周期。

4.2　中国东部季风区不同时期气候环流特征

上述研究从站点实测降水分析了全年不同时期降水的变化规律和降水的时空分布规律，包括各季节和各月份中国东部季风区降水量的变化及其空间分布规律。但上述研究只包含了对实测降水的统计规律，而对降水或降水带位置的变动等过程，冬季风、夏季风的活动及其对中国东部季风区的影响，以及降水季节和月降水变化的大气环流条件等降水模式的成因探究仍十分必要。因此，本节基于水汽通量和水汽通量散度、风场以及大气比湿等大气环流条件和水汽输送条件等大气环流因子分析了中国东部季风区降水变化背后的主导因素以及大气环流条件。

图4-6是东亚地区四季多年平均水汽输送情况。具体包括大气低层的水汽通量和水汽通量散度。图中表示的水汽通量是从地表到500hPa高度的水汽通量的垂直积分，水汽通量散度则基于相应的水汽通量计算所得。水汽通量在图4-6中以矢量图展示，而水汽通量散度则以颜色填充图表示。图中矢量图的方向表示水汽输送的方向，矢量图箭头的长度表示水汽通量的量级大小，水汽通量具有方向性，本书中水汽通量的方向基于经向水汽通量和纬向水汽通量合成计算所得，水汽通量散度则基于格点附近的水汽通量计算该位置的水汽收支情况得到。图4-6（a）～（d）分别表示春季、夏季、秋季、冬季四个季节的大气水汽输送情况，主要用于反映对流层低层的水汽输送条件。

图4-6（a）表示1960～2014年春季（3～5月）平均水汽通量和水汽通量散度的空间分布情况。从图中可以看出，春季的水汽输送具有一定的规律，北半球热带西太平洋海域出现自东向西的信风带，大量水汽自太平洋中部一直输送到东亚及东南亚地区，如菲律宾群岛、中南半岛等，其后信风带受到亚欧大陆阻挡，海陆热力性质的差异使得信风带难以延续，在地形作用下向西北方向偏移，形成向西北方向的水汽输送，并在中国南部形成强烈的水汽辐合区，因此可能为这些地区春季带来较强的降水，其后在受到亚欧大陆的地形及地转偏向力影响下，最终形成亚热带西风带，从图中可以看出，在30°N左右亚欧大陆东岸及西北太平洋地区形成较为明显的西风带。而对于中高纬度温带地区，水汽通量量级较小，水汽输送活动相对不活跃，因此中高纬度地区，如中国北方地区及东北地区等降水活动可能较弱，降水量较少。

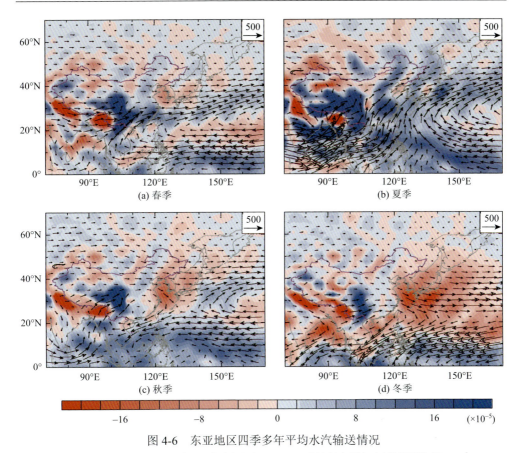

图 4-6　东亚地区四季多年平均水汽输送情况

箭头表示地表到 500hPa 各层水汽通量的垂直积分[kg/(m·s)]，颜色填充图表示水汽通量散度[kg/(m²·s)]

　　到了夏季［图 4-6（b）］，东亚附近的水汽输送情况已发生较明显的变化，可以看出，西北太平洋地区出现了明显的反气旋式的环流，这意味着西北太平洋地区的大气出现了明显的高压，因此出现了强烈的夏季风，可能对亚欧大陆东部造成较大影响。可以看出，WNPSH 导致的反气旋式的水汽输送在北半球热带太平洋海域表现为强烈的自东向西的水汽通量，而在东亚地区则主要表现为东南季风；而在亚热带西北太平洋地区表现为明显的偏西的水汽通量，在东亚地区主要表现为西南季风。同时可以看出，在印度洋北半球热带海域出现了明显的自西向东的水汽输送，表现为强烈的西南季风，这是由于印度洋南半球海域的东南信风在夏季越过赤道后，在地转偏向力的作用下，东南信风的风向发生偏移，最终转变为西南季风，可到达印度半岛、中南半岛等，并在青藏高原等地形作用下，为高原的南麓带来大量水汽，从图 4-6（b）中可以看出，印度半岛等地区出现明显的水汽辐合，并在地形作用下可能出现转向到达中国的西南地区，为该区带来强烈的夏季降水。因此，中国东部季风区夏季主要受到来自印度洋的西南季风与来自热带西太平洋的东南季风的影响，两者在南中国海地区交汇，其后转向向北传播，为中国东部季风区带来大量的水汽，来自南中国海的暖湿气团在夏季大量运动到中国东部沿海地区，并继续向北到达长江中下游地区以及华北、东北等地，使中国东部季风区基本表现为较强烈的水汽辐合区，这两个来源的夏季风带来的热带地区的暖湿水汽可能是中国东部季风区夏季降水主要的水汽来源。

从秋季的水汽输送情况［图 4-6（c）］可以看出，东亚地区的水汽输送活动表现出明显的减弱，西太平洋热带地区仍存在一定的自东向西的水汽输送，但到达菲律宾群岛附近及东亚地区附近时强度已较弱，而在北半球的热带印度洋地区仍可观察出该区出现自西向东的水汽输送，但对比夏季时已大幅减弱，夏季时充足的水汽条件和活跃的水汽输送已开始消散，在中国东部季风区已难以观察到明显的水汽辐合地区，该区秋季降水可能比夏季明显减少。

从冬季水汽输送情况［图 4-6（d）］可以看出，该时期中国东部季风区的大气水汽活动较少，水汽输送活动主要集中在西太平洋地区等海域，而中国东部季风区没有明显的水汽辐合或辐散活动，热带地区的西太平洋及印度洋，包括菲律宾海及南中国海等地区均表现出较为连续的信风带，近赤道的热带太平洋海域出现较为明显的水汽辐合带。而亚欧大陆东面的西北太平洋地区的海域也出现明显的西风带，西北太平洋也出现较为明显的水汽辐散带。但对于中国东部等亚欧大陆的东岸地区来说，该时期中国东部季风区主要受西北冬季风影响，水汽输送不活跃，降水量较少。

因此可以看出，影响中国东部季风区降水的水汽输送条件及大尺度的大气环流条件在不同季节下的环流背景具有明显差异，大气水汽运动最活跃的时期集中在夏季，西北太平洋出现明显的副热带高压，在西北太平洋与亚欧大陆东部地区形成强烈的反气旋式的顺时针方向的水汽输送通道，在热带西太平洋地区表现为强烈的东南季风，同时南半球的东南信风带在跨越赤道到达北半球后，在地转偏向力和地形的作用下季风的传播方向发生偏转，在北半球热带印度洋地区出现了强烈的西南信风，并为中国西南地区带来充足的热带暖湿水汽，来自热带西太平洋与来自热带印度洋的热带暖湿气团在南中国海海域交汇，其后在地转偏向力的作用下折合向北形成偏西南的夏季风，为中国南部沿海的热带及亚热带地区、长江中下游地区以及中高纬度的温带地区，包括华北地区和东北地区等中国东部季风区带来充沛的暖湿水汽，并在中国主要的季风气候区形成强烈的水汽辐合现象，为该区夏季降水的发生提供充足的水汽条件，这些有利于该区降水的发生。结合图 4-4 中中国东部季风区各季节的降水情况分析，夏季是中国东部季风区降水主要发生及降水强度最高的时期，大气的水汽输送情况能较好解释各季节降水发生的气候条件和驱动的气候因素。

图 4-7 与图 4-6 类似，都表示东亚地区在不同月份下的水汽通量和水汽通量散度的空间场的变化情况。图 4-7（a）～（l）分别表示 1～12 月的水汽输送条件的情况。

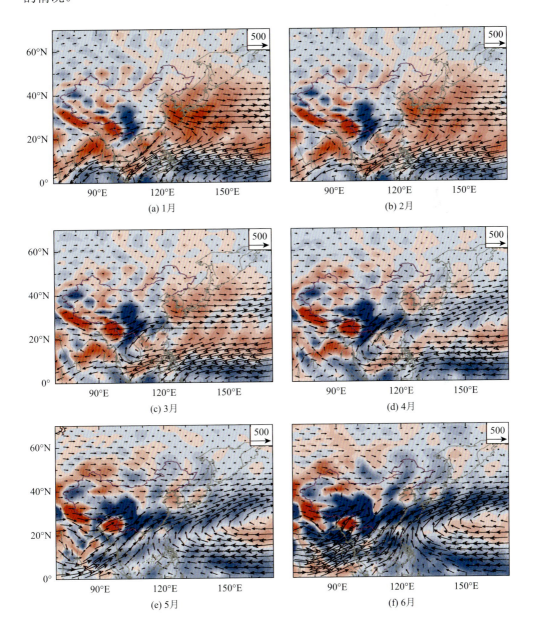

(a) 1月　　　　　　　　　　　　　　　　(b) 2月

(c) 3月　　　　　　　　　　　　　　　　(d) 4月

(e) 5月　　　　　　　　　　　　　　　　(f) 6月

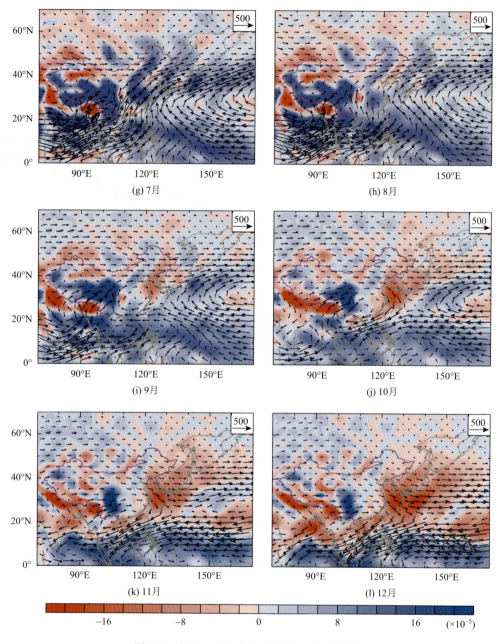

图 4-7 东亚地区各月多年平均水汽输送情况

其中，矢量图表示地表到 500hPa 各层水汽通量的垂直积分[kg/(m·s)]，颜色填充图表示水汽通量散度[kg/(m²·s)]

　　图 4-7（a）和（b）分别表示 1 月和 2 月的水汽输送情况，可以看出，两者的水汽输送条件较为接近，热带近赤道地区的水汽通量反映出该区具有较明显的自

东向西的信风带，该信风带自热带太平洋中部，跨越菲律宾群岛、南中国海及中南半岛等海域，延伸至北半球热带近赤道的印度洋地区；而对于亚热带地区，亚欧大陆附近的西北太平洋开始出现较强烈的西风带，一直延伸到太平洋中部。可以看出，热带近赤道地区的信风带与副热带的西北太平洋地区的西风带形成较为明显的分界，且近赤道信风带地区表现出水汽辐合现象，而副热带西风带地区则表现为较强烈的水汽辐散现象。此时水汽输送活跃的地区主要分布在太平洋或印度洋等海域，对于亚欧大陆等大陆地区，1~2 月的水汽输送活动较弱，难以观察到较为明显的水汽输送特征，可能是因为该时期亚欧大陆及中国东部季风区的对流层低层的大气水汽运动较不活跃，不利于该时期中国东部季风区降水的发生。

　　到了春季，3~5 月 [图 4-7（c）~（e）] 的水汽输送情况开始出现较大的变化，在热带印度洋地区，自西向东的水汽通量逐渐减弱，取而代之的是逐渐开始出现的偏西南方向的水汽通量，表明该区可能由偏东北的信风带逐渐转变为西南季风，到了 5 月该现象表现得更为明显，同时可以观察出，中国东南部沿海地区开始出现水汽辐合区，该区主要表现为偏西南方向的水汽通量，而北半球西太平洋地区开始呈现出较为完整的反气旋式的环流，表明西北太平洋地区的副热带高压可能开始生成并逐渐加强，可以看出，5 月时中国东南部地区已出现活跃的偏西南方向的水汽输送，且出现了强烈的水汽辐合区，这也与图 4-5（e）中表现出的 5 月中国东南部沿海地区开始有较高的降水强度的降水规律一致。

　　到了 6 月，进入夏季后该现象则更为明显，可以看出，北半球西太平洋地区到亚欧大陆东部地区出现了强烈的反气旋式的水汽输送通道，表明该时期西北太平洋出现强烈的副热带高压，而印度洋的西南季风也发展强烈，这可能是由于夏季太阳直射点向北移动，并在 6 月底左右到达北回归线附近，原本位于南半球的东南信风也随之北移，东南信风越过赤道后在地转偏向力的作用下方向发生偏移，因此在北半球印度洋转变为西南季风。而由于夏季太阳直射点的北移，以及海陆热力性质的差异，西北太平洋的副热带地区可能出现明显的高压区，即 WNPSH，因此在西北太平洋地区出现明显的反气旋式环流，并可能影响亚欧大陆东岸地区，如图 4-7（f）所示。热带西北太平洋地区在 6 月表现为明显的自西向东的水汽输送通道，而在接近亚欧大陆时，在菲律宾海附近，在地转偏向力的作用下转变为偏东南向的水汽通量，表明东南亚地区可能受到较强烈的东南季风的作用，而印度洋热带地区受西南季风主导，使得来自西南方的热带暖湿气团大量移动到印度半岛及中南半岛附近，并在遇到青藏高原等地形因素后发生转向进入中国西南地区，如云南、广西等地受到明显的西南季风的主导，并使这些地区表现为明显的水汽辐合区。来自北半球西太平洋地区的东南季风与来自热带印度洋地区的东南信风在南中国海一带交汇后折向北，使得南海地区的大量暖湿水汽输送到亚热带中国东南部沿岸地区，如广东、海南等地，该区出现明显的水汽辐合现象，在继续向北的过程中开始对长江中下游等地区产生影响，其后受到地转偏向力等的影响开始向偏西南方向偏转，并在亚热带西北太平洋地区形成较为明显的西风带。

到了 7 月 [图 4-7 (g)]，该环流模式则更为明显，西北太平洋的高压继续北移，使得亚热带地区的东南季风得到加强，在南中国海与来自印度洋的西南季风交汇后折向北，使得大量热带地区的暖湿气团运动到更高纬度的地区如长江中下游地区与江淮地区，以至于华北、东北等地，这些地区表现为强烈的水汽辐合现象，大气水汽含量大幅增加，可能有利于这些地区在降水的形成。而此时也可以观察出，中国东南部沿岸虽然出现量级较大的向北的水汽通量，但大量水汽继续向北输送到温带中高纬度地区，而不是停留在中国南部等沿海热带地区，因此广东等中国南部的热带地区在 7 月可能出现一定程度的水汽辐散的现象。可以推测，7 月中国东部季风区大量中高纬度地区可能出现强度较高的降水，而中国南部沿海的热带地区降水可能较 6 月小。

到了 8 月 [图 4-7 (h)]，来自南中国海向北的水汽输送已开始减弱，西北太平洋地区仍表现为明显的反气旋式顺时针方向的水汽输送通道，但较 7 月已有所减弱东退，因此对亚欧大陆的影响可能也开始减小，热带西太平洋地区东南季风的减弱可能使得到达亚欧大陆的来自热带地区的暖湿气团减弱，因此，南中国海地区向北输送到中国东南部的水汽也随之减少，水汽难以输送到中高纬度地区，可以推测该时期中国东部季风区的降水带可能会南移至中国南部，由于西北太平洋地区副热带高压对东亚地区的影响减弱，影响中国东部季风区的夏季风减弱，8 月中国东部季风区的降水量可能开始减少。进入秋季以后 [图 4-7 (i) ～ (k)]，夏季风已经开始消散，西北太平洋地区的副热带高压系统减弱消失，而由于太阳直射点的南移，印度洋地区的西南季风也逐渐减弱并转变为自东向西的季风（11 月），热带地区如南中国海地区的暖湿水汽难以向北输送到中国东部季风区，可以推测该时期有利于降水的大气水汽条件已经消失，中国东部季风区不再受夏季风的影响，秋季降水量可能大幅减少。

而进入冬季 [12 月，图 4-7 (l)]，已经难以观察出中国东部季风区明显的水汽输送现象。热带海域基本表现为东南信风带，而西太平洋海域则表现为明显的西风带，与 1 月 [图 4-7 (a)]、2 月 [图 4-7 (b)] 的环流情况相似，因此，可以看出东亚地区的水汽输送在年内形成了较为完整的周期，表现出冬夏季风的转变和年内的周期变化特征。

结合图 4-7 的水汽输送条件和图 4-5 的实际站点降水的情况，可以看出，东亚地区大尺度的水汽输送情况可以较好地反映和解释站点实测降水的变化特征、环流背景和气候成因。冬季，主要是指 11 月至次年 2 月，是水汽输送活动最不活跃的时期，虽然该时期西太平洋及印度洋等海域的水汽输送有较活跃的活动，如热带太平洋与印度洋表现为连续的向西的信风带，而西北太平洋也表现为较明显的西风带，但可以观察出该时期亚欧大陆东岸地区的水汽通量量级较小，且没有明显的水汽辐合和辐散现象，而 11 月至次年 2 月［图 4-5（k）和（l），图 4-5（a）和（b）］中国东部季风区的实际降水也较少。到了春季，开始逐渐形成强度较高的 WNPSH，并对东亚地区的大气水汽条件造成影响，同时印度洋地区开始出现西南季风，并开始对中国西南地区造成影响，使得中国南部地区开始出现较明显的降水［图 4-4（b）］。到了夏季，在热带太平洋的东南季风与印度洋的西南季风的共同作用下，来自南中国海的热带暖湿水汽大量输送到中国东部季风区，该时期是中国东部季风区受夏季风影响最剧烈的时期，尤其对于 7 月［图 4-5（g）］，季风气候区均有较强烈的降水现象且降水范围较广。8~10 月，夏季风对东亚地区的影响开始减少，WNPSH 的减弱使得来自西太平洋的东南季风减弱，南中国海的暖湿热带气团难以向北运动，相应的降水带也开始向南退缩［图 4-7（h）~（k）］，季风区降水量普遍减少，中国东部季风区主要受冬季风主导，气候较为干燥。到了冬季，中国东部季风区水汽输送活动减弱，实际降水也再次呈现出较小的降水强度［图 4-4（d）］。

4.3　基于信息熵理论的降水不均匀性分析

从上述研究可以看出，中国东部季风区的降水在时间和空间上具有极大的不均匀性，且季风气候的年际变化较大，因此研究中国东部季风区降水的变化情况具有重要意义。本书引入信息熵理论，在不同时间尺度下，包括年尺度、季节尺度和月尺度下分析了中国东部季风区降水情况，以研究中国东部季风区降水的不均匀性。

图 4-8 为区域所有站点的降水量序列所得的边际无序指数（MDI）的各年变化情况。图中各年的边际无序指数包括年降水量序列的和季节降水量序列的 MDI。年降水量序列的 MDI 计算方式是指基于某一年中国东部季风区内所有站点的年总降水量组成的序列计算其边际熵，可用于反映当年的全年降水量在不同站点间的不均匀性。同理，各季节降水的 MDI 即基于当年各站点的季节降水量序列计算其边际熵，用于反映季节降水在空间上的不均匀性。

从图 4-8 可以看出，各站点年降水量的 MDI 与季节降水量的 MDI 有一定差异，且各季节的 MDI 也有较大差异。全年降水量的 MDI 一般较小，大部分年份下全年的 MDI 均小于相应各季节。夏季降水量的 MDI 一般较小，而秋季和冬季一般较大，因此可以推断，秋冬季节降水空间分布的不均匀性可能对全年降水的不均匀性具有较大的贡献。

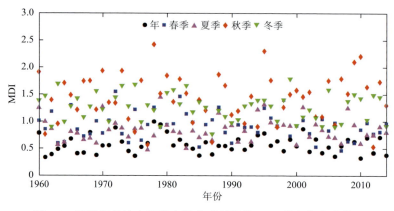

图 4-8　区域所有站点的降水量序列所得的 MDI 的各年变化情况

从图 4-2 可知，中国东部季风区夏季降水量较多，而秋冬季节降水量则较少。而从相应的空间分布也可以看出，夏季时［图 4-4（b）］，中国东部季风区各站点的降水量均较大。而秋冬季节［图 4-4（c）和（d）］，尤其对于秋季，中国东部季风区的降水强度在空间上具有明显的南北差异。在中国东南部及海南等地仍有一定的降水强度，而中国北方地区则较为干旱，这可能是这些季节用于反映空间不均匀性的降水无序指数较大的原因。因此可以推测，年尺度下降水的空间不均匀性可能小于季节尺度下降水的空间不均匀性。且降水量较大的季节，如夏季，其降水在空间上的不均匀性也一般小于旱季（如秋冬季）降水的空间不均匀性。

图 4-8 表示各年降水在空间上的不均匀性，而图 4-9 则基于分配无序指数（ADI）和强度无序指数（IDI），用于反映降水量和降水天数在年内的不均匀性。图中各年的 ADI 的计算是基于各月份降水量占全年总降水量的比例计算所得的，可以反映当年降水量的月份分配情况及降水量在全年各月的不均匀性。而

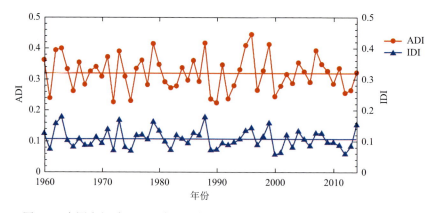

图 4-9　中国东部季风区区域平均降水的 ADI、IDI 1960～2014 年的变化情况

IDI 计算方法也与 ADI 类似，但 IDI 是基于年内各月降水天数占全年总降水天数的比例计算所得的，可反映降水天数在不同月份的不均匀性。

从图 4-9 可以看出，ADI 和 IDI 都表现出一定的年际变化差异，但两者直接的年际变化却表现出高度统一的变化规律，即 ADI 较大的时期，IDI 也较大；而 ADI 较小的时期，IDI 一般也相应较小。说明降水量与降水天数的年内分配不均匀性在大部分年份表现出较强的一致性。

但同时也可以明显观察出，ADI 与 IDI 在量级上具有明显的差异。从两者的计算方法可以看出，两者计算方法类似，区别仅在于 ADI 基于降水量的月份占比，而 IDI 基于降水天数占比。因此推测，年内降水量月份分配的不均匀性可能通常大于降水天数月份分配的不均匀性。这可能是不同月份降水强度的差异导致的，如夏季的降水日一般降水强度较大，而秋冬季节其降水日一般降水较温和，降水量较少，因此在夏季降水量大的月份，由于其降水强度更大，加剧了湿润月份与干旱月份之间降水量的差异，导致降水量在年内分配的不均匀性量级更大。

4.4　降水不均匀性空间特征

图 4-10 为各站点多年平均 ADI 和 IDI 的空间分布。基于研究期内（1960～2014 年）计算出各站点各年的 ADI 和 IDI 序列，以此得出各站点的多年平均 ADI 和 IDI。

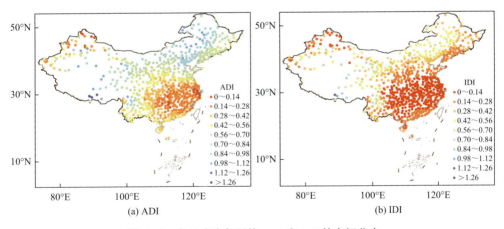

图 4-10　各站点多年平均 ADI 和 IDI 的空间分布

从图 4-10（a）可以看出，ADI 具有明显的空间分布规律，主要表现为中国东南部亚热带地区以及长江中下游地区的 ADI 较小，而中国东部季风区的中高纬度温带地区表现为较高的 ADI。随着纬度的增加，其 ADI 则逐渐增大。在长江中下游地区及中国东南部的亚热带地区，ADI 一般在 0.3 以下，到了华北地区的北部，如山东、山西等地，这些地区的站点 ADI 随着纬度的升高而相应增加，从 0.4 迅速增加到 0.7 左右。而对于中高纬度的温带地区，如环渤海地区及东北地区等，大量站点的 ADI 均超过 0.8。表明这些地区降水月份分配具有较大的不均匀性，降水年内变化巨大，雨季和旱季降水量差异明显。

而图 4-10（b）则表示中国东部季风区各站点多年平均 IDI 的空间分布情况。可以看出，实际上 IDI 与 ADI 的空间规律有很多相似的地方，如 IDI 最小的地区仍为中国东南部的亚热带地区，这些地区的 IDI 一般小于 0.15，而对于中高纬度地区，IDI 则出现一定程度的增加，这些地区大量站点的 IDI 可达到 0.3～0.6。

对比 ADI 和 IDI 可以明显看出，ADI 比 IDI 的量级明显较大，这也与图 4-9 中表现的规律相一致。而两者在空间分布上具有较高的一致性，亚热带地区包括中国南部沿海地区，以及长江中下游地区等，这些地区无论是 ADI 还是 IDI 均较小，尤其对于 IDI，大量站点的 IDI 均小于 0.15，而中国北方地区的站点 ADI 和 IDI 均较大，表明北方地区降水年内分配较不均匀。

结合上述研究结果可知，北方地区秋冬季节气候较为干旱，降水强度极小，降水主要集于夏季，因此旱季和雨季降水差别较大，可能是其无序指数偏大的原因。而中国东南部季风气候区亚热带地区的降水年内不均匀性较小，这可能是由于该区降水较多，雨季降水充沛，而旱季也有一定程度的降水，旱季和雨季均有一定程度的降水，降水量级较大使得其降水分配的年内不均匀性有一定的缓和。因此，这些地区是中国东部季风区降水最集中的区域，其冬季与夏季降水的研究均有较大意义。

基于各站点不同尺度下的多年降水序列计算其边际无序指数（MDI），其可用于分析各站点不同尺度下降水的年际变化情况。图 4-11 为各站 1960～2014 年的年降水序列所得 MDI 的空间分布情况。其计算方法与图 4-8 的区别在于，图 4-8 中的 MDI 基于某一年中国东部季风区所有站点的年总降水量序列计算其边际熵，而图 4-11 中的 MDI 是基于某站点的各年降水量序列计算其边际熵。因此，两者反映的降水变率的含义也有区别，图 4-8 中的 MDI 反映某一年中中国东部季风区降水的站点空间差异，而图 4-11 中的 MDI 则反映某站点降水的多年变化的事件差异。从图 4-8 中难以观察出年降水量的 MDI 较明显的空间分布规律，但可以看出对于中国东部季风区的大部分站点，其年降水量的 MDI 都保持在较低的水平，大部分站点的 MDI 都不超过 0.5，说明对于年尺度下的降水，中国东部季风区可能大部分站点的年际降水变率都在相对不高的水平，较少站点出现各年总降水量差异极大的现象。

图 4-12 与图 4-11 相似，但表示四季月降水量的多年变化，分别表示了春季[图 4-12（a）]、夏季 [图 4-12（b）]、秋季 [图 4-12（c）] 和冬季 [图 4-12（d）]

各站点多年季节降水量序列的 MDI，用于反映各站点季节降水量的年际变化情况。从图中可以看出，部分季节的 MDI 表现出一定的空间分布规律。最明显的为冬季，可以看到，冬季［图 4-12（d）］中国大多数地区多年冬季降水的 MDI 都表现出较高的水平，包括中国北方地区，如华北、东北、环渤海地区等，同时也出现在中国南部的热带地区，如海南和广东南部等北回归线附近的热带地区。这些地区的大量站点 MDI 都超过 0.8，MDI 较小的站点基本在长江中下游一带的亚热带地区。

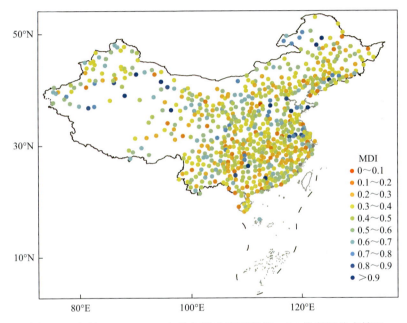

图 4-11　各站 1960～2014 年的年降水序列所得 MDI 的空间分布情况

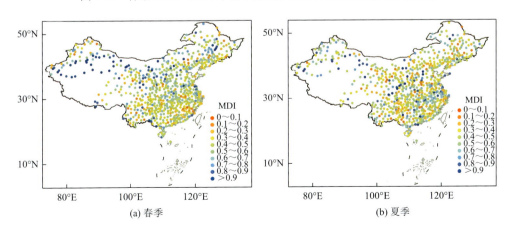

(a) 春季　　　　　　　　　　　　　　　　(b) 夏季

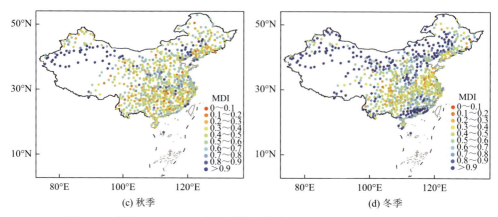

图 4-12　各站 1960～2014 年四季降水量序列所得 MDI 的空间分布情况

多年秋季降水量的 MDI 较大的站点一般集中在环渤海地区及部分东北地区的站点，而中国东部季风区的其他大部分区域都主要表现为较低的 MDI。

对于春季和夏季则更为明显，中国东部季风区春夏季降水量的 MDI 基本都在较低的水平，尤其夏季，全国大部分地区的 MDI 都较低。从图 4-8 及相关的分析结果得知，在空间上，降水量较大的季节（夏季），其降水的不均匀性可能小于降水相对较小的季节（如秋冬季）的降水不均匀性。而年尺度上的年降水量的不均匀性也可能小于季节尺度上的季节降水量的不均匀性。

图 4-11 和图 4-12 表现出相一致的特征，即相对于季节尺度的降水量，年尺度降水量的多年变率在中国东部季风区一般保持在较低的水平。而对于不同季节也有一定的差异，对于降水量较大的夏季，中国夏季降水量的年际间变化可能相对较小，而对于降水较少的秋冬季节，尤其冬季，大量站点如北方地区站点的冬季降水量则表现出了较大的年际变化。因此，无论时间还是空间尺度下，时间尺度较长的年降水相对于时段较短的季节降水，其降水变率相对较小，而不同季节的降水变率也有较大差异，一般降水量较大的季节（如夏季）相对于干旱季节（如冬季）其降水变率相对较小。

进一步细化分解不同时期的降水以分析其年际变化情况，图 4-13 表示月尺度下降水量的年际变化情况。图 4-13 与图 4-11 和图 4-12 类似，但表示月降水量相应的 MDI 情况。从图 4-13 中可以更明显地看出不同时期降水量的多年变率情况。在年内不同月份，月降水量的多年 MDI 存在较大差异，且不同季节间的月降水量的多年 MDI 呈现出一定的年内周期变化规律。对于 1～3 月，可以较明显地观察出，中国东部季风区存在大范围的 MDI 较高的区域。只有在长江中下游地区及华北南部等部分地区的站点才表现为较低的月降水量的 MDI 和年际波动。而进入雨季以后，各月降水逐年序列的 MDI 发生了较大的变化。到 4 月 [图 4-13 （d）]，中国南部地区大部分开始变为较小的 MDI，而此时北方大部分地区的 4 月降水量

MDI 仍表现为较高的水平。而到了 5~6 月，中国东部季风区大部分站点则普遍表现为较低的 MDI。

而对于 7~9 月［图 4-13（g）~（i）］的月降水量，这些时期的月降水的多年 MDI 较低的区域则更为广泛，中国东部季风区这些月份降水量的 MDI 一般较小，表明雨季月份的月降水量的年际变化较小。而随着雨季的结束和降水开始减少，月降水量的 MDI 则重新恢复到较高的水平，如 10~12 月，中国东部季风区大量站点都表现为较高的 MDI，到了 11 月、12 月，MDI 较小的站点基本均集中在长江中下游附近地区，其余地区基本表现为高 MDI 地区，大量站点 MDI 超过 0.9，与 1 月、2 月的情况类似，月降水的多年边际无序指数的空间分布规律表现为完整的年内变化周期。

同时，对比图 4-5 可以看出，MDI 的空间分布规律与降水情况和降水带的变动有密切关系。可以总结为降水较少的地区，其月降水量的 MDI 较大，在旱季（11 月至次年 3 月），中国东部季风区大部分地区降水强度较小，仅在东南部亚热带地区如长江中下游地区等有

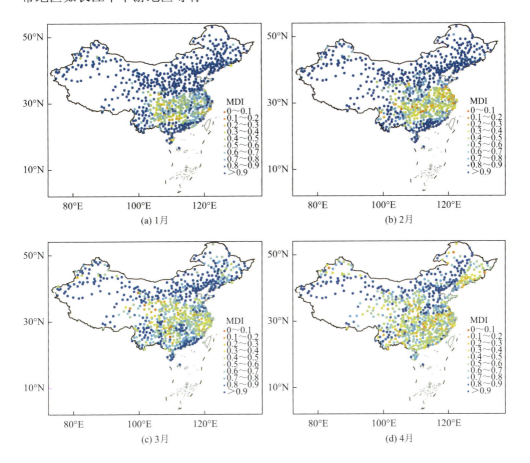

(a) 1 月　　　　(b) 2 月

(c) 3 月　　　　(d) 4 月

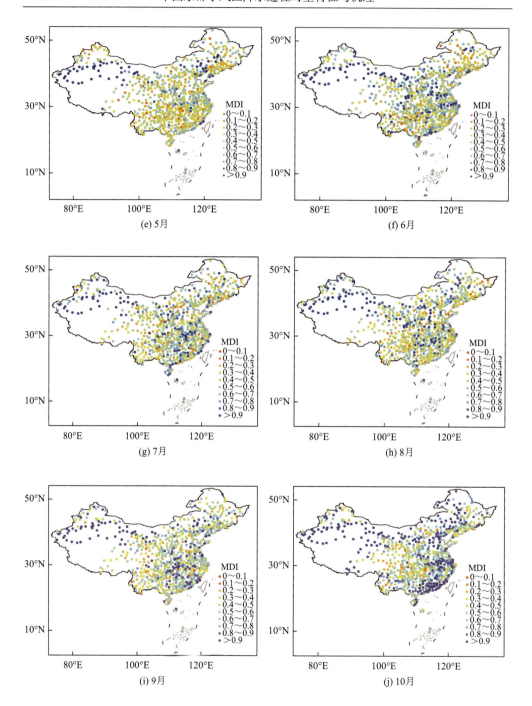

(e) 5月

(f) 6月

(g) 7月

(h) 8月

(i) 9月

(j) 10月

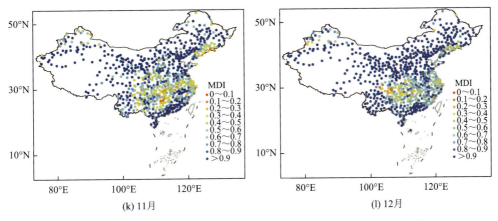

图 4-13　各站 1960～2014 年各月降水量序列所得 MDI 的空间分布情况

一定程度的降水，而这些时期月降水量的年际变率也表现为相近的空间规律，长江中下游地区月降水的年际变化相对其他地区较小，而中国东部季风区中高纬度地区，如华北地区、环渤海地区及东北地区等的月降水量的年际变化均较大。而进入雨季以后，随着降水强度的增加、降水范围的扩大，5～8 月［图 4-5（e）～（h）］中国北方地区降水显著增加，该时期中国北方地区的季风气候区站点的月降水量的多年 MDI 也较小，即这些地区的雨季降水的年际变率也较小。对于降水量较大的月份，中国东部季风区的多年月降水量普遍表现为较低的 MDI。因此可以总结，降水量较大的月份，其月降水量的年际变化一般较小；反之，降水量较小的月份，降水的年际变化一般较大。

4.5　本 章 小 结

本章分析了中国东部季风区降水的主要统计特征，研究了驱动中国东部季风区降水的主要大气环流条件，并分析了降水在时间和空间上的不均匀性。主要结论如下。

（1）中国各地降水量时空分配极其不均匀，而中国最主要的降水区为中国东部季风区，季风气候的强度和影响范围主导着中国东部季风区降水的时空变化。因此，对中国东部季风区降水特征、降水不均匀性的研究和降水成因的探究十分有必要。

（2）季风气候具有明显的季节变化特征，各季节降水量及降水强度差异巨大。冬季是中国东部季风区降水最少的季节，大部分地区降水强度较小，仅在中国东南部附近的亚热带地区有一定程度的降水。而夏季是中国东部季风区降水最集中、降水强度最高的季节，该时期中国东部的季风气候区基本表现为较高的降水强度，尤其对于中国东南地区及长江中下游等地，降水强度大，容易引起强降水甚至洪涝灾害，同时夏季也是中国北方地区如华北、东北等地降水的主要季节。

（3）中国东部季风区降水带的强弱和移动具有明显的季节性周期变化特征。冬季风和夏季风的交替和转变主导着中国东部季风区降水带的变动。冬季中国气候普遍较为干燥，春季中国东部季风区开始受夏季风的影响，春季降水强度迅速增加，降水带最开始集中于中国南部热带及北回归线附近地区（3～4月），随后逐渐传播至长江中下游一带（5～6月）并迅速向北扩张，到了夏季，7月中高纬度温带地区均普遍表现为湿润气候，夏季风影响中国东部季风区，为该区带来大量降水。8月以后夏季风影响开始减弱，降水带迅速南退，秋季主要降水区重新退缩至热带地区。进入冬季以后中国东部季风区则受冬季风主导，整个季风气候区较为干旱，由此中国东部季风区的降水在年内形成较为完整的周期变化。

（4）中国东部季风区降水的水汽输送条件及大尺度的大气环流条件在不同季节下具有明显差异，大气的水汽输送条件能较好解释中国东部季风区降水的季节变化特征。夏季西太平洋高压与亚欧大陆地区出现强烈的反气旋式环流，在热带西太平洋表现为强烈的东南季风，与热带印度洋地区南半球的西南季风两者在南中国海交汇产生的偏西南风为夏季中国东部季风区带来大量暖湿气流，夏季风是中国东部季风区夏季降水的主导因素。

（5）降水年内分配的不均匀性比降水天数的不均匀性较大。而中国东部季风区北方降水年内的不均匀性比南部地区较大。这可能是由于北方地区降水高度集中于夏季，旱季雨季分明，旱季和雨季降水量相差巨大。而中国东南部地区降水量级较大，雨季降水充沛，且旱季仍有一定程度的降水，可能对其降水年内分配的不均匀性有一定程度的缓和。

（6）无论在时间尺度下还是空间尺度下，较长时间尺度（如年尺度）下降水的不均匀性可能都小于较短时间尺度（如季节尺度、月尺度）下降水的不均匀性，且降水量的不均匀性可能与降水量级有一定关系。对于降水量较大的季节或月份，如夏季，在降水变化幅度的相对值上，其降水的时空不均匀性也一般小于旱季（如秋冬季）降水的时空不均匀性。

第 5 章　WNPSH 主要特征及其对中国东部夏季降水的影响

本章旨在阐明 WNPSH 与中国东部季风区夏季极端降水的潜在关系，基于 TC 的活动及移动路径等探究 WNPSH 对其的影响。主要解决的科学问题如下：①WNPSH 与中国东部季风区的夏季降水有何联系？WNPSH 如何驱动中国东部季风区的降水变化？②中国东部季风区夏季极端降水的主要原因是什么？TC 对中国东部季风区极端降水的发生具有怎样的作用？③夏季 WNPSH、TC 以及极端降水的关系是什么？WNPSH 通过怎样的方式影响 TC 活动？对这些问题的研究和解答有助于了解中国东部季风区夏季降水的时空特征和成因。

本章主要内容如下：5.1 节为 WNPSH 分类及其空间特征，5.2 节为 WNPSH 与中国东部季风区降水的关系，5.3 节为极端降水与 TC 的关系，5.4 节为 WNPSH 对中国东部季风区降水影响解释，从夏季风活动和 TC 的移动路径等方面分析 WNPSH 的影响，5.5 节为本章小结。

5.1　WNPSH 分类及其空间特征

图 5-1（a）和（b）分别表示夏季 500hPa 气压高度下 [图 5-1（a）] 和 850hPa 气压高度下 [图 5-1（b）] 的平均位势高度和相对涡度的空间情况。其中位势高度用基于颜色填充的等值线图表示，而相对涡度则用等值线图表示，实线表示相对涡度为正，虚线表示相对涡度为负。

WNPSH 是主导 EASM 的主要大尺度天气系统，目前关于 WNPSH 位置变动主要基于 500hPa 高度场或 850hPa 高度场位势高度、相对涡度等因子反映[93, 159]。位势高度可以表示物体从海平面上升到某高度克服重力所需要做的功的大小。气团会从位势高的地方流向位势低的地方，因此能用于反映大气的气团运动规律及气团运动方向等，也能反映大气的气压空间分布结构等。相对涡度由地转风形成，而地转风与位势高度密切相关，因此相对涡度一定程度上能使用位势高度来进行表征，相对涡度与位势高度的水平变率的剧烈程度密切相关（或者说是位势高度等值线的弯曲程度）。

从图 5-1（a）可以看出，在 500hPa 高度下，西北太平洋地区出现了较明显的位势高度较高的地区，位势高度最高的地区达到 5880m，可以看出，西北太平洋海域表现出的高压地区一直向西延伸到亚欧大陆东岸，同时，西北太平洋延伸到

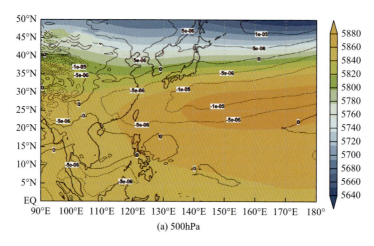

(a) 500hPa

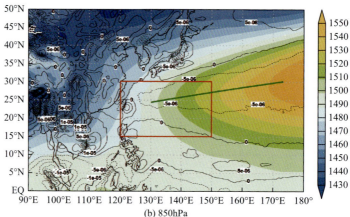

(b) 850hPa

图 5-1　夏季 500hPa 气压高度下（a）和 850hPa 气压高度下（b）多年平均位势高度
（颜色填充图，m）和相对涡度（等值线图，s^{-1}）

矩形线框表示定义 WNPSH 指标的区域；实线表示 WNPSH 的西脊线

亚欧大陆地区的相对涡度为负，因此该区域主要为高压地区。图中的位势高度还表现出另一个空间规律，即低纬度地区的位势高度较高，而高纬度地区（如 50°N）开始表现出较低的位势高度，50°N 左右地区的位势高度基本不超过 5720m，表明 500hPa 高度下位势高度随纬度的升高而减小。

图 5-1（b）可以看出，以北半球太平洋中部为中心，出现了大范围区域的位势高度较高，其中，太平洋中部的位势高度最高，850hPa 高度下约为 1550m，其后向西逐渐减小，沿着 WNPSH 的西脊线（图中绿色实线）到 130°E 左右，仅为 1500m 左右，而在亚欧大陆地区，广大的大陆地区表现为明显的位势高度较低的地区，亚欧大陆的内陆地区位势高度在部分地区甚至低于 1430m，位势高度较高的西

北太平洋地区与位势高度较低的亚欧大陆地区在亚欧大陆及西北太平洋地区的海岸线之间，两者的位势高度形成一道与大陆的海岸线分布较为吻合的分界线，分界线的位势高度在 1480～1490m。而对于相对涡度，其分布则与位势高度的情况具有很高的相似性。在西北太平洋地区表现为明显的负的相对涡度，而在亚欧大陆地区则表现为明显的正的相对涡度，西北太平洋地区与亚欧大陆地区之间两者沿着亚欧大陆的海岸线附近形成较为明显的分界线，分界线的相对涡度的数值约为 0，表明西北太平洋地区主要表现为高压地区，而亚欧大陆地区主要表现为低压地区。位势高度与相对涡度两者的空间分布特征表现出高度的相似性和一致性，两者均能很好地反映夏季 WNPSH 的特征、强度及位置等信息。WNPSH 在夏季可能会对亚欧大陆地区，包括中国东部季风区的气候和降水造成较大的影响。

对比图 5-1（a）和（b）可以看出，850hPa 位势高度和相对涡度下表现出的 WNPSH 主要范围是西北太平洋地区，而亚欧大陆地区表现为明显的亚洲低压；500hPa 高度下表现出的位势高度的空间分布还具有另一个明显的特性，即呈现纬向分布，与该区域的纬度有关，纬度越高则位势高度越小。因此，850hPa 的位势高度主要受到 WNPSH 的位置影响，能较好反映 WNPSH 的位置与尺度范围[93, 159]。因此，本书中选取的 850hPa 气压高度下的气候因子（本书中采用的是相对涡度）是表现和反映 WNPSH 的属性和特征的有效方案。

5.2　WNPSH 与中国东部季风区降水的关系

图 5-2 为 1961～2010 年标准化 WNPSH 指标和中国东部季风区标准化区域平均降水量。图中的 WNPSH 指标为 1961～2010 年共 50 年的逐年指标，为各年的夏季期间逐日的 WNPSH 指标的年平均值，用于表示该年夏季 WNPSH 的平均强度及位置的总体情况，而中国东部季风区的夏季降水表示区域平均值。本书中，中国东部季风区夏季降水的区域平均值采用泰森多边形计算。图 5-2 中，多年 WNPSH 指标和夏季降水序列均经过标准化处理，标准化的 WNPSH 指标年序列及区域平均夏季降水量序列（平均值为 0，标准差为 1）能较好地反映 WNPSH、降水强弱的年际变化及与正常年份的差异。此外，根据夏季平均 WNPSH 和中国东部季风区夏季平均降水 1961～2010 年的年序列分析两者之间的相关关系，两者之间相关系数为 −0.46，两个序列显著相关（通过 99%的置信度）。

从图 5-2 可以看出，中国东部季风区夏季平均降水与 WNPSH 的东西移动具有显著的相关关系。为了研究 WNPSH 的纬向移动对中国东部季风区夏季降水的影响，作者研究了两种 WNPSH 年份，即副高偏东的年份和副高偏西的年份。

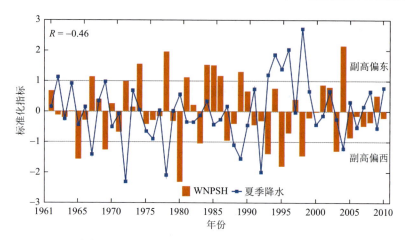

图 5-2　1961～2010 年标准化 WNPSH 指标和中国东部季风区标准化区域平均夏季降水量

　　副高偏东或偏西年份的判定和选取是根据标准化 WNPSH 指标确定的。其中，副高偏东的年份是 WNPSH 标准化指标下大于 1 的年份，即这些年份下 WNPSH 指标正异常超过一个方差，而相应的，副高偏西的年份是 WNPSH 标准化指标下小于–1 的年份，即负异常超过一个方差。本书中的 WNPSH 指标选取的定义地区是热带地区西北太平洋高压的西脊线附近地区，该区的高压对亚欧大陆东部及中国东部季风区均有较大影响，WNPSH 指标越大的时期，表明西北太平洋地区高压越靠近亚欧大陆，WNPSH 的西脊线更为明显，因此可能对亚欧大陆地区气候的影响更为明显。相反，WNPSH 指标越小的时期，表明由于 WNPSH 向东退移，WNPSH 在西北太平洋地区的活动减弱，因此可能对东亚地区夏季气候的影响减弱。本书中，从图 5-2 的数据可以得到，副高偏东的年份包括 1967 年、1974 年、1978 年、1981 年、1984 年、1985 年、1986 年、1989 年和 2004 年共 9 年，而副高偏西的年份包括 1965 年、1969 年、1980 年、1983 年、1993 年、1995 年、1998 年和 2003 年共 8 年。本书基于副高偏东和副高偏西两种场景，通过对不同大气环流因子的研究（如水汽输送、大气中的水平方向的风场，以及位势高度等），从气象要素异常、水汽输送条件、极端事件发生等多方面探究了 WNPSII 影响中国东部夏季降水的机理，并分析了 EASM 对中国降水的影响机制。

　　图 5-3（a）和（b）分别表示副高偏东的年份和副高偏西的年份，850hPa 高度下西北太平洋及东亚地区大范围的平均位势高度及相对涡度异常图。图中矩形区域线框为 WNPSH 指标定义选取区域，本书中计算的 WNPSH 指标反映该区的 WNPSH 的强弱变化和纬向移动情况。从图 5-3（a）可以看出，在副高偏东的年份，西北太平洋地区相对涡度表现为正异常，意味着西北太平洋地区反气旋减弱，WNPSH 可能有所减弱。相反，在副高偏西年份下，可以看到，西北太平洋地区相对涡度表现为负异常，西北太平洋地区的反气旋变得更强，表明 WNPSH 强度增加。同

时可以看出，WNPSH 在副高偏东年份的位置更偏东，1500m 位势高度线约在 140°E，而在副高偏西年份，WNPSH 的位置则更偏西，1500m 位势高度线延伸至 125°E 左右。这也表明本书中的 WNPSH 指标能较好反映 WNPSH 的纬向移动情况，即 WNPSH 偏大的年份，WNPSH 的位置则向东退离亚欧大陆，而 WNPSH 偏小的年份，WNPSH 的位置向西延伸，可能对东亚地区及中国东部带来更剧烈的影响。

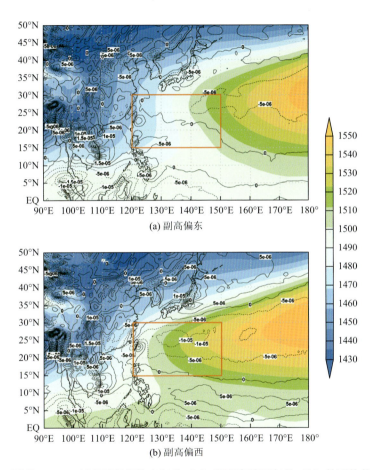

(a) 副高偏东

(b) 副高偏西

图 5-3　夏季 850hPa 高度下副高偏东年份（a）和副高偏西年份（b）的平均位势高度（颜色填充图，m）和相对涡度（等值线图，s^{-1}）

图中的红色矩形线框表示定义 WNPSH 指标的区域

　　基于上述 WNPSH 指标的定义分析 WNPSH 对中国东部区域实测降水的影响程度。图 5-4 为各站点 6～8 月降水量和 WNPSH 指标的相关关系，绿色站点表示具有较强的负相关关系，红色站点表示具有较强的正相关关系。从图 5-4 可以看出，各月的 WNPSH 指标和实际降水的相关关系具有较大的差别。图 5-4（a）表示各站点各年 6 月平均降水量与相应的 WNPSH 指数的相关关系的空间分布情况。从图中可以看出，6 月中国东部季风区大部分地区与 WNPSH 表现出负相关关系，其中江淮地区及珠江流域部分地区，如江苏、浙江、广东、广西等地表现出显著的负相关关系，且这些地区的 6 月降水与 WNPSH 指标的相关系数超过−0.3，可以说明，当 WNPSH 指标增加时，这些地区的 6 月降水可能会减少，说明 WNPSH 向西扩张时，中国这些地区的降水量可能会增加。

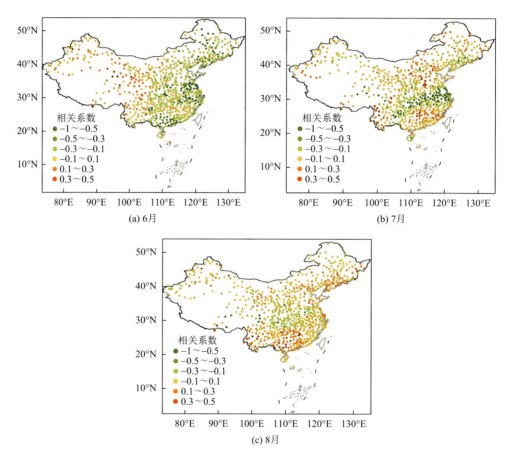

图 5-4　各站点 6～8 月降水量和 WNPSH 指标的相关系数

黑色实点表示相关性超过 95% 置信度的站点

　　从图 5-4（b）可以看出，7 月长江流域及江淮地区表现出负相关关系，而珠江流域等南方地区的相关关系不明显，这可能是 7 月水汽输送最活跃、雨带北移导致的[25]。

　　从图 5-4（c）可以看出，8 月我国东部大部分季风气候区与 WNPSH 没有表现出明显的相关关系。WNPSH 对我国江淮地区降水的影响主要集中于 6 月、7 月，而对我国珠江流域等南方地区的影响集中于 6 月。可以看出，WNPSH 对我国夏季降水具有显著的影响，WNPSH 指标也能较好地反映 WNPSH 对中国东部季风区降水的影响[92]。

　　从以上研究可以看出，WNPSH 的活动强弱与中国东部季风区的夏季降水密切相关。WNPSH 的位置及活动强弱对中国东部季风区夏季不同时期的降水异常具有较为明显的作用，尤其是对中国东南部沿海地区及长江中下游地区的降水影响。图 5-5 为副高偏东年份和副高偏西年份各站点夏季标准化降水量的异常情况。可以看出，实际上两种年份降水异常较明显的站点主要分布于中国东南部地区，长江中下游流域尤为明显，这些地区站点的降水异常可能超过 0.8mm。

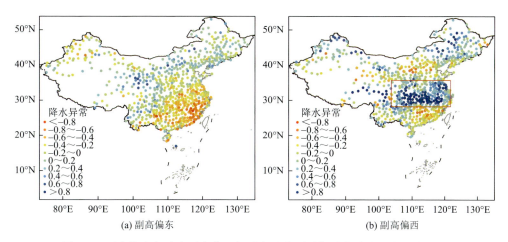

图 5-5　副高偏东年份和副高偏西年份各站点夏季标准化降水量的异常情况

　　在副高偏东年份下［图 5-5（a）］，中国东部季风区降水主要表现为降水减少的情况。中国东部季风区的大部分站点以降水减少为主。以中国东南部亚热带沿海地区最为明显，包括广东、福建、浙江等地。这些地区部分站点的夏季日平均降水量的减少幅度超过 0.6mm。华北地区、华中地区，具体包括山东、湖北等地，夏季日平均降水异常也主要表现为降水减少，但降水减少的程度对比长江中下游以南地区迅速缓和，夏季日平均降水的异常量不超过 -0.4mm。而对于较高纬度地区，如环渤海地区，以及中国东北部地区，具体主要包括河北、辽宁、吉林、黑龙江等地，实际上这些地区的许多站点已开始表现为降水增加的情况，但其降水量增加的程度仍较小，这些站点夏季日平均降水异常增加的降水量幅度一般不超过 0.4mm。由图 5-5（a）中的这些现象可以推测出，中国东部季风区夏季降水的异常在副高偏东年份下具有明显的空间差异规律，主要表现为明显的南北分异。

从低纬度到高纬度，降水减少的程度逐渐减弱，甚至高纬度地区表现为降水有较小幅度的增加的情况。

而副高偏西年份的情景如图5-5（b）所示，与图5-5（a）相似，但图5-5（b）表示了副高偏西年份下中国东部季风区的各站点夏季平均日降水量异常的空间分布情况。对比图5-5（a）和（b）可以看出，两种年份下部分地区的降水异常具有明显的差异。最为明显的是长江中下游流域，副高偏东年份下大部分站点主要表现为较明显的降水减少的情况，而在副高偏西年份下主要表现为降水明显增加的情况。从图5-5（b）可以看出，在中国东南部沿海地区，主要包括广东、广西等地区，大部分站点均表现为降水减少的情况，这些地区夏季日平均降水量的减少幅度一般在−0.2～−0.6mm。而长江中下游附近地区（30°N附近地区，在图5-5（b）中以红色线框画出），具体包括湖南、江西、四川东南部、江苏南部、浙江等地区，大部分站点均表现为明显的降水增加，大量站点夏季日平均降水量在副高偏西年份下增加幅度超过0.8mm，说明长江中下游地区可能出现了明显的降水增加的情况。而对于华北北部等地区，具体包括山东、山西、河南等地区，这些地区的大部分站点又主要表现为降水减少。由此可以看出，副高偏西年份下，WNPSH的异常活动对夏季降水影响最大的区域主要集中在30°N左右的长江中下游流域附近，这些地区的夏季降水量可能会出现明显的增加，WNPSH在副高偏西年份下的活动可能会加强长江中下游流域地区的降水。

5.3　极端降水与TC的关系

本书还对WNPSH对于中国东部季风区与降水有关的极端事件的影响进行了分析。而在各种天气及气候的极端事件中，在夏季的中国东部季风区，影响最剧烈、破坏性最强，对降水最具有主导作用的极端事件主要为TC事件。TC，尤其是强台风或者飓风等天气系统，对人类的影响巨大，破坏性强，影响范围及尺度较大，灾害发生速度快，能在较短的时间内为地面带来大量极端强降水，并伴随高强度的水平向风，可能造成强降水、大风、冰雹等灾害性天气，对人类的生产及生活活动，以至于社会及人类的生命和财产安全带来极大的威胁。因此，对TC等极端事件的研究十分有必要。

本书首先分析了夏季TC与中国东部季风区夏季降水的关系。基于各站点的极端降水和TC引发的降水的重合程度，判断极端降水是否受到TC的影响。其中，TC引起的降水的判定是基于Li和Zhou[157]的研究定义的TC降水。本书基于计算TC降水对各站点极端降水的贡献率，研究TC对中国东部季风区极端降水的影响程度。研究中的极端降水指标以夏季连续时段的最大降水量表示，本书中具体为各站点各年夏季的最大连续1天、3天及7天降水量。选取该极端降水指标的原因是，最大连续天数的降水通常能较好地反映同一场或同一时期的降水情况，即可以较好地反映同一天气条件造成的降水。由于 TC 事件影响持续时间短，移动速度通常较快，发展过程快，到达陆地缺乏大量水源补给的下垫面后，其消散速度也较快，因此，TC 通常的持续时期及对地区影响的时间尺度通常为数天，最大 1 天、3 天或 7 天连续降水这一极端降水指标可以较好反映 TC 对极端降水的影响情况。

图 5-6 为多年 TC 降水对总最大连续 1 天、3 天和 7 天降水量的贡献率。其中，图 5-6（a）表示 TC 对夏季最大 1 天连续降水的贡献率。从图 5-6（a）可以看出，TC 贡献率在不同地区具有明显的差异，主要表现为海陆分布的差异，可以总结为：距离海岸线越近的站点，其 TC 引发的极端降水占极端降水总量的比例就越大；反之，距离海岸线越远的站点，TC 对这些地区的 1 天最大降水的贡献率就越小。在沿海地区，最典型的为广东、海南、福建、浙江、上海等地区，这些地区大量站点的 TC 贡献率超过 50%，即这些地区夏季的最大日降水可能大部分均由 TC 引起。而从中国东南部的海岸线向内陆推移，可以看出 TC 对最大日降水的贡献率逐渐减少，对于江西、湖南、安徽、广西等地区的大量站点，TC 对最大日降水的贡献率仍有 20%～50%，TC 仍是造成最大 1 天降水的重要因素。而继续向内陆推进，TC 引起的最大 1 天降水的贡献率已低至 5%～10%，说明这些地区受 TC 的影响已经逐渐减小，而到了内陆地区等非季风气候区，主要包括中国西北等温带内陆地区及青藏高原地区等，TC 降水贡献率一般低于 5%，说明内陆非季风气候区受到 TC 的影响极小，TC 难以对该区的极端降水造成明显的影响，这主要是 TC 的活动范围难以辐射到这些地区造成的。同时，从图 5-6（a）还可以看出，TC 的影响除了与海陆分布有关外，在经向分布上可能也存在一定的规律。从图中可以看出，以 30°N 左右为界，在 30°N 以南的低纬度亚热带地区，中国南部沿海地区的站点最大 1 天降水 TC 的贡献率一般均超过 50%，而 30°N 以北的地区，其沿海地区的站点，包括江苏、山东、环渤海地区等，这些地区的站点的 TC 贡献率一般不超过 50%，且这些地区的大部分站点 TC 对最大 1 天降水的贡献率可能仅为 10%～20%。中高纬度地区的 TC 贡献率也是随着自沿海向内陆地区的推移而逐渐减少，到了内陆地区 TC 对极端降水的贡献率可忽略（小于 5%）。

图 5-6（b）与（a）相似，但表示对应的夏季最大连续 3 天降水的情况。从图 5-6（b）可以看出，TC 对最大连续 3 天降水的情况与最大 1 天降水的影响类似，均为 TC 对沿海地区的热带地区极端降水的贡献率较高，而对内陆地区极端降水的贡献率较低。TC 对最大连续 3 天降水的贡献率最大的地区仍为中国东南部沿海的亚热带地区，包括广东、福建、浙江、海南等。同时，TC 对中高纬度温带沿海地区的极端降水也有重要的影响，TC 对这些地区的夏季最大连续 3 天降水具有较高的贡献率（20%～50%），TC 也是这些沿海地区极端强降水的重要因素。

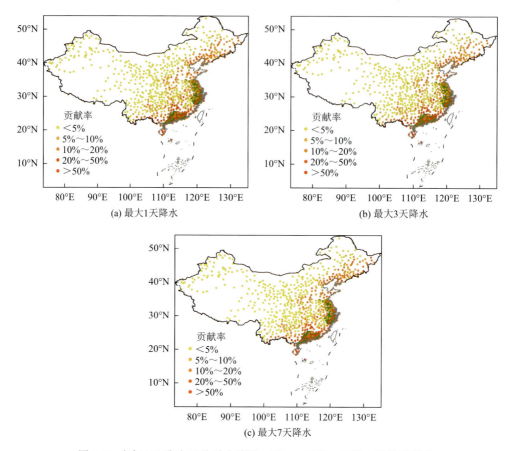

(a) 最大1天降水　　　　　　　　(b) 最大3天降水

(c) 最大7天降水

图 5-6　多年 TC 降水对总最大连续 1 天、3 天和 7 天降水量的贡献率

图中绿色区域表示长江三角洲和珠江三角洲所在的省份

图 5-6（c）与（a）和（b）相似，但表示最大连续 7 天降水的情况。从图 5-6（c）可以看出，TC 对最大连续 7 天降水贡献率较大的地区仍为沿海地区，但可以观察出，对比最大 1 天降水和最大 3 天降水，TC 对最大连续 7 天降水的影响程度可能有一定程度的减弱，中国东南部的亚热带沿海地区贡献率超过 50%的站点数目出现了较明显地减少，而对于温带中高纬度的沿海地区，大量站点 TC 对最大连续 7 天降水的贡献率一般为 10%～20%，而相应的对最大连续 3 天降水和最大 1 天降水的贡献率一般在 20%～50%，说明 TC 对最大连续 7 天降水等持续较长时间尺度的极端降水的影响相对较小。

图 5-7 为 TC 引起的最大 1 天、3 天和 7 天降水量与非 TC 引起的最大连续天数降水量的比率。其中，图 5-7（a）表示 TC 引起的最大 1 天降水与非 TC 相关的最大 1 天降水的比率，从图中可以看出，TC 引起的极端降水的强度在空间上也具有一定的规律。比率较高的站点，即 TC 引起的最大 1 天降水对比非 TC 因子引起

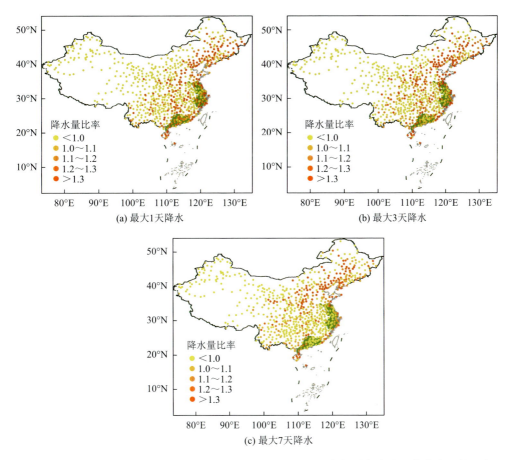

图 5-7　TC 引起的最大 1 天、3 天和 7 天降水量与非 TC 引起的最大连续天数降水量的比率

的最大 1 天降水的降水强度具有明显增加的站点，基本集中分布于中国东部季风区。这些站点的 TC 引起 1 天最大降水与非 TC 引起的 1 天最大降水的比率大于 1.3，即 TC 引起的极端降水比非 TC 因子引起的极端降水强度可能会提高 30%左右。

图 5-7（b）与（a）相似，但表示对应的夏季最大连续 3 天降水的情况。对于 TC 诱因极端降水的降水强度，最大 3 天连续降水和最大 1 天降水两个极端降水指标的规律也相似，TC 引起的极端降水强度较大站点基本均位于中国东部季风区，但可以观察出部分站点有一定的区别，如广东地区，TC 对最大 1 天降水的强度有较明显的增加，TC 引起的最大 1 天降水与非 TC 引起的最大 1 天降水的比率有大量站点超过 1.2，但对于最大 3 天降水的降水增加则比较少，比率一般小于 1.1。而对于其他地区，尤其是中高纬度的温带地区，TC 引起的极端降水的量级仍较大，TC 引起的极端降水的降水强度可能对比其他诱因的极端降水超过 30%。

图 5-7（c）与（a）和（b）相似，但表示最大连续 7 天降水的情况。从中可以看出，TC 对于最大连续 7 天降水的量级影响，对比 1～3 天尺度的极端降水也相应地减小。尤其是中国南部的亚热带地区，在广东、福建、浙江、江西、湖南等地，TC 引起的最大连续 7 天降水与非 TC 引起的降水的量级比率在大量站点均小于 1.1，说明 TC 对极端降水强度没有明显影响。而相应的图 5-7（a）和（b）中，TC 引起的极端降水对较短时间尺度（1～3 天）仍会带来较明显的降水强度增强的现象。同时可以看出，对于温带中高纬度地区，TC 在较长时间尺度下（7 天）仍会使其极端降水强度明显增加，TC 极端降水与非 TC 极端降水的降水量比率仍超过 1.3，说明 TC 对这些地区的强降水可能带来超过 30%的降水强度的增加，在较长时间尺度下 TC 对于温带地区的强降水仍具有较高的降水强度。

可以总结，中国东部季风区是受 TC 影响的主要地区，尤其集中于中国东南沿海地区。中国南部沿海的广东、海南等地区，以及东部沿海的浙江、上海等地区，TC 降水对极端降水的贡献率均接近或超过 50%，该区覆盖了中国最主要的经济发展区，包括长三角及珠三角，人口稠密，经济地位异常重要，TC 及极端降水等气象灾害可能为该区经济发展带来巨大的威胁。而对于中国西北内陆地区及青藏高原区，TC 降水的贡献率则较小，基本在 5%以下，这些地区受 TC 的影响较弱。TC 作为不稳定的天气系统，其维持需要充足温暖潮湿的水汽条件，因此 TC 主要产生于夏秋季的大洋区域，而 TC 登陆后因失去暖湿的下垫面条件，不利于维持，所以，台风或强热带风暴登陆后通常迅速减弱为热带低气压[142]。因此，TC 的影响通常主要集中于沿海地区，且在离开海域后其结构维持时间较短，从图中也可以看出，TC 降水通常对 1 天、3 天等短期极端降水贡献率较大，而对时间尺度较长的最大 7 天降水的贡献率较小。

从 TC 对极端降水的量级影响可以看出，对于最大 1 天、3 天降水量，TC 引起的极端降水通常比非 TC 引起的极端降水大，受 TC 影响较严重的东南沿海地区，比率一般为 1.1～1.2，即 TC 可能使该区极端降水量级提高 10%～20%，而对最大 7 天降水影响则较小，说明 TC 对该区造成的影响持续时间短而剧烈，能带来短期强度高的极端降水。

5.4　WNPSH 对中国东部季风区降水影响解释

为了进一步探究 WNPSH 系统对中国东部季风区降水的影响机理，本书基于水汽输送、水平风场、位势高度等分析了 WNPSH 对中国东部季风区降水的作用和影响。图 5-8 为多年平均、副高偏东年份和副高偏西年份 850hPa 水汽通量和水汽通量散度异常情况。图 5-8（a）表示多年夏季平均水汽输送情况，从图中可以看出，亚欧大陆东部与西北太平洋地区形成了大尺度的反气旋环流，水汽输送方

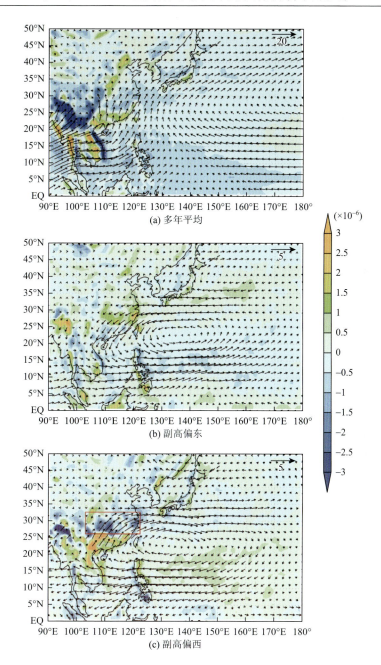

(a) 多年平均

(b) 副高偏东

(c) 副高偏西

图 5-8　多年平均、副高偏东年份和副高偏西年份 850hPa 水汽通量［矢量图，g/(hPa·cm·s)］和水汽通量散度［颜色填充图，g/(hPa·cm²·s)］异常情况

向为顺时针，WNPSH 决定了该区水汽输送方向。同时可以看出，来自热带印度洋的西南水汽穿越中南半岛向东北方向传输到达南中国海和中国西南地区，可

以观察出中国西南地区明显的水汽辐合现象。总结中国东部季风区夏季的水汽输送通道如下：来自热带西太平洋地区向西北方向的水汽和来自热带印度洋地区向东北方向的水汽交汇于南中国海地区，两者交汇后折合向北输送，向北输送过程中受到地转偏向力的影响形成偏西南向的水汽输送，到达中国东南沿海为该区带来大量来自热带地区的暖湿水汽，并在其后继续向北输送到达长江中下游地区和江淮地区，甚至华北地区等中国北方地区，同时为这些区域带来一定的水汽，图 5-8（a）中该区域也表现为水汽辐合区，这一水汽输送通道即中国东部季风区的主要水汽来源。

图 5-8（b）表示副高偏东年份下，850hPa 气压高度下夏季水汽输送异常的情况，即副高偏东年份下夏季水汽通量和水汽通量散度的距平。从图 5-8（b）可以看出，在副高偏东年份下，水汽输送情况呈现出明显的异常，水汽通量异常场呈现出与图 5-8（a）中展示的多年平均水汽输送场近乎相反的水汽输送模式，亚欧大陆东部和西北太平洋地区形成了大尺度的气旋式环流结构，因此可以判断，在副高偏东年份下，该异常的气旋式水汽输送结构会抵消部分该区夏季出现的反气旋环流结构，夏季该地区顺时针方向的水汽输送减弱。因此，对于较高纬度地区来说，来自热带地区暖湿气流的减弱使得到达这些地区的大气水汽会有所减少。从图 5-8（b）也可以看出，在副高偏东年份下，夏季在长江中下游附近地区出现了明显的水汽辐散异常的情况，说明该区在副高偏东年份夏季的水汽辐散现象异常可能会抵消该区一般夏季时期出现的水汽辐合的现象［图 5-8（a）］，表明这些极端年份下，大气中水汽含量可能会比一般年份的水汽含量有所减少，不利于长江中下游地区的降水发生，这也与图 5-4（a）中表现出的规律相一致。说明在 WNPSH 东退的年份，由于西北太平洋地区高压的减弱，由高压系统主导的近地面低层大气中的反气旋式的环流域结构减弱。因此，来自热带地区的暖湿水汽难以输送到长江中下游地区，使得该区的水汽条件不利于降水的发生，继而导致长江中下游地区降水在副高偏东年份下，比一般正常年份夏季降水减少。

图 5-8（c）与（b）类似，但表示副高偏西年份下水汽输送异常情况。从图中可以看出，副高偏西年份下，水汽输送的异常情况与副高偏东年份水汽输送的异常情况几乎完全相反，副高偏西年份下的水汽输送异常情况更接近于图 5-8（a）中多年平均水汽输送场，来自热带西太平洋的东南向的水汽输送明显增强，因此，中国东南部沿海地区出现了明显的偏向北方的水汽输送。同时，从水汽通量散度的异常场中可以看出，长江中下游附近地区（图中红色线框范围）呈现出明显的水汽辐合异常区，该区大气中水汽含量增加，有利于夏季降水的发生。与实际降水相对应的，在图 5-5（b）中，长江中下游地区在副高偏西年份下夏季降水出现明显的增加，因此，水汽输送的异常能较好地解释这些地区降水的异常情况。

结合长江中下游地区的实际情况（该区域实际上为江淮地区），该区夏季常会出现著名的特殊气候现象，即江淮梅雨天气，该天气现象的主导原因是该区出现明显的准静止锋，称为江淮准静止锋，来自北方高纬度的干冷空气与来自南中国海的暖湿热带气团在该区域交汇，使得该区出现明显的大气垂直活动，高强度的对流活动使得该区出现明显降水增强的现象。在副高偏东年份下，WNPSH 的东退使得来自南中国海地区的热带暖湿气团向北输送的动力较小，到达江淮地区的水汽不足以维持连续的梅雨天气所需的水汽条件。而在副高偏西年份下；当 WNPSH 向西扩张接近亚欧大陆时，在西北太平洋海域强大的高压支配下，源源不断的暖湿气团向北输送到江淮地区，与来自北方的冷空气交汇容易产生降水，而来源于南中国海的水汽持续不断的补充使得该区的大气水汽持续保持充沛的状态，为该区持续时间较长的梅雨时期降水的发生提供了有利的天气条件。

图 5-8（b）和（c）基于副高偏东年份和副高偏西年份的水汽输送条件用于解释图 5-5 中夏季降水异常的情况。从图中可知，副高偏东年份及副高偏西年份均出现了明显的水汽输送的异常。对于副高偏东年份，西北太平洋地区与亚欧大陆东部出现了异常的气旋式环流，水汽输送通道出现明显的减弱，长江流域及江淮地区附近出现了明显的水汽辐散，不利于该区降水的发生；而对于副高偏西年份，西北太平洋地区与亚欧大陆东部的反气旋式环流明显增强，水汽输送通道出现明显的增强，长江流域及江淮地区附近（图中红色矩形地区）出现了明显的水汽辐合，为该区降水提供了充足的水汽条件。江淮地区是夏季江淮梅雨发生的主要区域[24, 172]，副高系统西移接近亚欧大陆时，江淮地区的南部大量暖湿气流水汽输送活跃，北部冷空气也交汇于此，而西部为稳定的高压系统，导致锋面在这一地区呈现准静止状态，成为大量水汽聚集的地区，梅雨期表现更为明显［图 5-5（b）］。反之，副高系统东退远离亚欧大陆，来自南部的水汽输送减弱，水汽输送通道出现明显的减弱，导致南北气流交汇减弱且南移，不利于中国南方地区的降水[91]。

本书进一步剖析了水汽输送条件与 WNPSH 的关系。基于对水汽通量的经向和纬向分解，分析经向水汽通量和纬向水汽通量与 WNPSH 指标的相关关系。图 5-9 为 WNPSH 指标与 850hPa 高度下的纬向风和经向风的相关系数的空间分布。从图中可以看出，WNPSH 与东亚季风区的水汽输送有明显的相关关系。对于中国东部季风区，呈现显著相关的区域集中于中国东南部地区及长江中下游一带，这与图 5-8 中表现出的水汽输送异常情况较为一致。从之前的研究结果（图 5-2 和图 5-3）可知，WNPSH 指标为负时，表示 WNPSH 向西扩张；反之，WNPSH 指标为正时则表示 WNPSH 东退。因此，从图 5-9（a）可以看出，对于纬向水汽输送情况，图中 WNPSH 指标与纬向水汽通量在中国东南部亚热带地区、长江

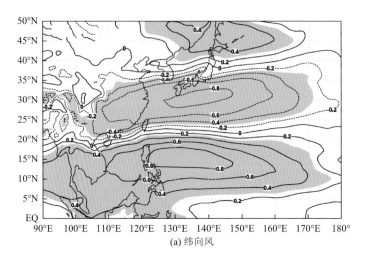

(a) 纬向风

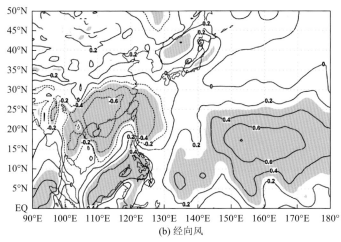

(b) 经向风

图 5-9　WNPSH 指标与 850hPa 高度下的纬向风和经向风的相关系数的空间分布

等值线的实线（虚线）部分表示正（负）相关。阴影区域表示置信度超过 95%的区域

中下游一带以至于华北地区的南部，均呈现出显著的负相关关系；而在热带地区（23°26′N 以南至赤道之间的区域），自中南半岛、南中国海、菲律宾群岛到西太平洋热带地区均出现了显著的正相关。两者之间在 20°N 左右出现了明显的分界。因此，随着 WNPSH 向西扩张（WNPSH 指标减小），热带西太平洋地区可能出现的输送方向为自东向西的水汽通量显著增加，东风增强，而亚热带地区，包括中国东南部地区和西北太平洋地区的自西向东的水汽通量增强。反之，随着 WNPSH 东退（WNPSH 指标增加），热带西太平洋地区可能出现输送方向向东的水汽通量增强，而亚热带地区则向西的水汽输送增强。而对于图 5-9（b），可以看出，亚热带中国东南部沿海地区以至于南中国海地区等，WNPSH 指标和经向水汽通量

呈现出显著的负相关关系。说明当 WNPSH 增强（WNPSH 指标减小）时，可能出现自南向北的水汽通量显著增强，而 WNPSH 减弱时，自北向南的水汽通量可能出现增强。这样的相关关系进一步印证了图 5-8 中的水汽输送异常情况，在夏季 WNPSH 的主导下，亚欧大陆东部与西太平洋呈现明显的反气旋式环流结构，该环流结构随着 WNPSH 的向西扩张而增强，因此具体在这些地区则表现为热带西太平洋的东南风增强，而在中国东南部地区则为西南季风增强。

　　上述研究结果基于水汽输送的角度分析了两种年份下降水异常的大气水汽条件因素，下面本书还将分析 WNPSH 对极端事件以至于极端降水的可能影响，以 TC 为例，分析两种极端年份下，TC 的活动规律，包括 TC 的移动路径及其可能对极端降水造成的影响等。

　　图 5-10 为副高偏东年份和副高偏西年份下 TC 中心的移动路径分布。图中表示的 TC 是指北半球夏季（6～8 月）在西北太平洋地区生成的 TC，表示的 TC 包括强度近中心最大风速超过 17.2m/s 的 TC，实际上指热带风暴及台风两种类型的 TC，而热带低气压（近中心最大风速不超过 17.1m/s）在图上则没有表示。图中的 TC 的移动路径表示的是 TC 最大风力中心附近的位置随时间和 TC 活动周期而移动的路径。图中移动包括到达或登陆的 TC，也包括仅在海域活动而未登陆的 TC 路径，这是由于 TC 的影响范围较大，未登陆的 TC 仍可能对沿海地区的降水造成影响。红色三角形表示 TC 发源的地点，实际上为热带低气压发展为热带风暴的位置。

　　图 5-10（a）表示副高偏东年份下 TC 的移动路径情况，从中可以看出，副高偏东年份下，TC 的数目众多，且影响范围大，几乎大部分的西北太平洋地区和东亚沿岸地区均受到影响。赤道附近地区几乎不生成 TC，主要分布在热带及亚热带海域，而 TC 产生的位置也较为分散，西北太平洋地区等距离亚欧大陆海岸较远的海域、菲律宾海、南中国海、东海等均有 TC 的产生，而众多 TC 的移动路径也有极大差异，从移动路径和移动方向难以观察出明显的规律，移动方向和移动路径都较为分散，影响范围较大。但仍可以看出，对于生成于 150°E 以西的 TC，这些 TC 大部分的移动方向都是向西，因此这些 TC 较多到达并影响亚欧大陆东岸地区。而生成于 150°E 以东海域的 TC，其数目较少，且移动方向不固定，大多向北移动到达中高纬度地区，而向西移动到达亚欧大陆东岸地区的极少。因此，对亚欧大陆东岸地区影响较大的 TC 主要生成于 150°E 以西海域。图中的颜色填充图表示相对涡度的异常情况，可以看出，在亚欧大陆东部的西北太平洋地区，相对涡度明显增加，说明该区的反气旋活动减弱，该区 WNPSH 较弱。

　　图 5-10（b）表示副高偏西年份下 TC 的移动路径情况，从中可以看出，对比副高偏东年份，两者之间 TC 的移动路径和移动方向等活动规律均有巨大的差异。副高偏西年份下，TC 的数量相对较少，且 TC 发源地较为集中，一般均在低纬

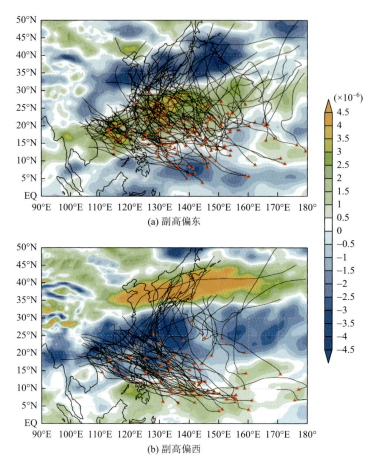

图 5-10　副高偏东年份和副高偏西年份下 TC 中心的移动路径分布

图中颜色填充图表示相对涡度异常（s^{-1}）。红色三角形表示热带气旋发源的地点

度地区，包括热带西太平洋、南中国海及菲律宾海等地，而在亚热带地区 TC 产生的数量则较少。此外，从 TC 的移动方向和移动路径也可以看出，大部分 TC 的移动方向明显偏向西，而较少向中高纬度地区移动，从登陆东亚地区的 TC 也可以看出，副高偏西年份下 TC 的登陆区域基本集中在中国东南部沿海地区和中南半岛等地区，长江以北地区登陆的 TC 数量则极少。从相对涡度的异常可以看出，副高偏西年份下西北太平洋地区相对涡度出现明显的异常减少，说明该区反气旋活动明显增强，WNPSH 强度明显增加。

　　此外，对比图 5-10（a）和（b）可以看出，副高偏东年份下 TC 产生的数量也较多，且发源地较分散，其移动路径也没有明显规律，相对的，副高偏西年份下 TC 产生的数量则较少，发源地集中于热带海域，且移动方向基本为向西移动，而较少移动到高纬度地区。从图 5-10 可以看出，无论对于副高偏东年份还是副高偏西年份，部分地区如中国东南部沿海地区、海南岛、台湾岛、菲律宾吕宋岛等，受到 TC 的影响及 TC 登陆数量均相当多，说明这些地区是受 TC 影响最为严重的地区，可以推测几乎所有年份均受到较强的 TC 的影响。而对于中高纬度地区，TC 的影响则相对减弱，但副高偏东年份，TC 对这些地区仍有较强的影响。

从图 5-10 可以看出，WNPSH 东移的年份［副高偏东年份，图 5-10（a）］，发源于太平洋的夏季 TC，无论对于发源区域还是移动方向，都更趋向于纬度较高的地区，因此这些年份 TC 影响的地区更多偏向于纬度较高的地区，如中国江浙沿岸一带，以至于日本、朝鲜半岛等地；而对于 WNPSH 向西扩张的年份［副高偏西年份，图 5-10（b）］，夏季台风移动路径高度集中于向西移动到达中国南部，而较少倾向于向北移动，大部分台风均影响中国南部，对华南沿海影响剧烈，主要影响中国南部的广东、海南等地及中南半岛等东南亚地区。

为了更清楚地分析副高偏东或偏西两种年份的环流条件差异，图 5-11 绘出了副高偏东年份和副高偏西年份 850hPa 高度下位势高度和水平方向风场的情况。可以看出，在 WNPSH 的主导下，西北太平洋地区与亚欧大陆东部地区表现出明显的反气旋式的风场。

对于副高偏东年份和副高偏西年份，无论是位势高度还是风场特征都有明显的空间差异。从图 5-11（a）可以看到，太平洋中西部的位势高度较高，太平洋中部出现明显的高压中心，1510m 位势高度线最西到达 145°E 左右的位置，因此说明 WNPSH 的西脊线可能影响范围在 140°E 以东的区域，亚欧大陆附近沿岸地区的位势高度较低。在 WNPSH 的主导下，西北太平洋海域主要表现为偏南季风，而到亚欧大陆东部虽然仍表现为偏南风向，但其风速已经有所减弱。

而从图 5-11（b）可以看出，在副高偏西年份下，西北太平洋高压出现明显的向西扩张现象，亚欧大陆东部的西北太平洋地区的位势高度较高，1510m 位势高度线已延伸到 130°E 左右，WNPSH 的西脊线已延伸到亚欧大陆地区，而亚欧大陆地区仍呈现较低的位势高度，因此，可以推测亚欧大陆东部与西北太平洋之间的气压梯度较大，可能出现较强的自东向西的梯度风，在地转偏向力的影响下，该自东向西的风向可能会转变为东南风。从图 5-11（b）的风场也可以看出，该时期亚欧大陆东部和太平洋西北部的沿岸地区附近均受到强烈的偏南季风主导。对比图 5-11（a）和（b），可以看出，副高偏东年份和副高偏西年份在 WNPSH 西脊线的主导下，两者之间的风场表现出较明显的差异。副高偏西年份下在 WNPSH 向西逼近亚欧大陆的情况下，亚欧大陆与西北太平洋海陆之间的气压梯度增加，使得来自南中国海向北的季风增强，有利于把南中国海大气中的水汽向北输送到中国东南部沿海地区，因此导致相应的水汽通量增加。

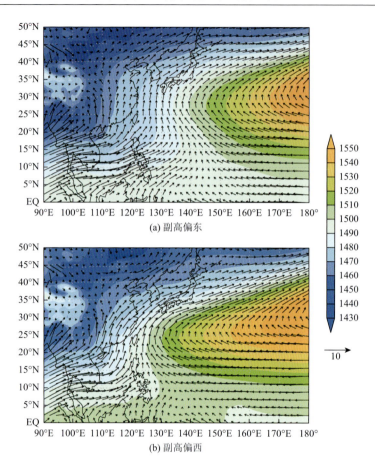

(a) 副高偏东

(b) 副高偏西

图 5-11　副高偏东年份和副高偏西年份 850hPa 高度下位势高度（颜色填充图，m）
和水平方向风场（矢量图，m/s）的情况

　　为了更直观地表达 WNPSH 对东亚气候影响的方式，图 5-12 对副高偏东年份
和副高偏西年份夏季 850hPa 高度下位势和相对涡度的情况及 WNPSH 进行了示
意。图中红色圆圈表示 WNPSH 在西北太平洋附近的大致位置，而淡紫色箭头
表示热带西太平洋海域地区的热带气团更可能的移动方向。这些标识是为了更
好地表示和更直观地展现西北太平洋地区和亚欧大陆东部之间的环流情况，对
WNPSH 主导下的大尺度海陆间环流的动力过程进行示意和理解，以更好地探究
WNPSH 的活动和运动特征可能对亚欧大陆沿海地区的影响。

　　从图 5-12 可以看出，副高偏东年份，无论是位势还是相对涡度，都反映出副
高系统东退远离亚欧大陆 [图 5-12（a）]。这些年份夏季风在向北移动的过程中，
受高压系统的影响较小，更偏向于向北到达日本、朝鲜半岛等纬度较高的地区，
到亚欧大陆沿岸地区（120°E 左右）向北运动的风场已较弱 [图 5-11（a）]，较少

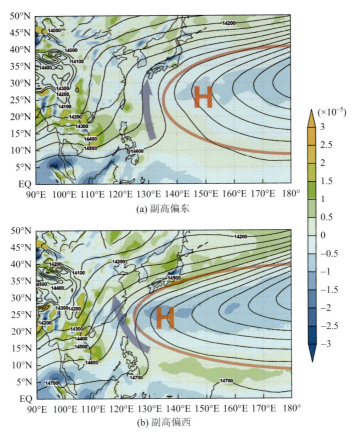

图 5-12　副高偏东年份和副高偏西年份夏季 850hPa 高度下位势（等值线图，m^2/s^2）和相对涡度（颜色填充图，s^{-1}）的情况及 WNPSH 的大致示意图

到达中高纬度温带地区。而副高偏西年份，130°E～140°E 出现了明显的相对涡度异常减少，表明 WNPSH 较强，副高系统出现西移［图 5-11（b）］，高压系统西脊线向西延伸接近亚欧大陆。在高压系统的主导下，西脊线的西南方向表现为东南盛行风，而在西脊线的西北方表现为西南盛行风，西北太平洋地区与亚欧大陆东部地区之间主要的大气流动情况主要表现为反气旋式的环流结构。这些年份夏季风在向北移动过程中，受到高压脊阻碍后，转而向西移动至亚欧大陆[89, 102]，到达中国南方地区后继续向北，对中国东部季风气候区的影响较强烈。这一机制也可以用于解释图 5-10 中表现出来的 TC 路径的规律，在副高偏西年份下，由于西北太平洋地区表现为强烈的高压地区，在大气垂直运动方面，大气下沉活动剧烈，不利于对流活动的发生，可能影响了 TC 的生成和发展，因此西北太平洋地区 TC 生成数量较少，而 TC 在移动路径和移动方向上由于 WNPSH 的增强，热带地区生成的 TC 受到北方高压系统的阻挡难以向北运动，而根据图 5-11 中反映的 WNPSH 形成的

反气旋式的环流场，TC 的移动路径可能会沿着高压系统的边缘向西北方向移动，该移动方向更偏向于影响亚欧大陆地区，尤其是中国东南部沿岸地区。相反，副高偏东年份下，由于 WNPSH 系统减弱，在西北太平洋海域的 TC 更偏向于向北移动而非偏西北方向移动［对比图 5-11（a）和（b）］，1510m 位势高度的影响范围在约 145°E 地区以东［图 5-11（a）］，TC 移动时可能更容易向北移动，因此可能到达更高纬度地区，并可能在温带中高纬度地区登陆，包括华北地区附近沿海地区一带，日本群岛、朝鲜半岛等地区在这些年份均可能受到 TC 的影响，在副高偏东年份下，TC 影响范围可能更偏向北方高纬度地区。EASM 对中国东部季风区的影响与 WNPSH 西脊线的位置及走向密切相关，中国东部季风区降水的年际变化是 WNPSH 强弱及位置变动的结果。

5.5　本章小结

本书基于夏季实际降水数据，结合 ECMWF 再分析数据，分析了中国东部季风区夏季降水对 WNPSH 的响应，并研究了 WNPSH 的纬向移动对西北太平洋地区的 TC 移动路径的影响，以及 WNPSH、中国东部季风区的夏季极端降水与 TC 三者之间的关系。结论如下。

（1）中国东部季风区夏季降水与 WNPSH 的位置变动具有显著的相关性，850hPa 相对涡度异常能较好地反映 WNPSH 的年际变化情况。WNPSH 对江淮地区降水的影响主要集中于 6 月、7 月，而对珠江流域等南方地区的影响更集中于 6 月。中国东部季风区降水的年际变化可能是 WNPSH 强弱及位置变动的结果。

（2）EASM 的水汽输送与 WNPSH 的年际变化具有显著的相关关系。WNPSH 东退的年份，水汽输送通道出现明显的减弱，不利于该区降水的发生；高压系统向西扩张的年份，来自南部的水汽输送活跃，来自南北方向的水汽交汇于江淮地区，东部为稳定的副高系统，使该区夏季梅雨现象明显，出现明显的降水增加。

（3）WNPSH 的纬向移动可能对江淮梅雨天气造成较明显的影响。在 WNPSH 东退的年份下，亚欧大陆东岸沿岸附近地区，来自南中国海海域的热带暖湿气团向北输送的动力较小，因此从南中国海向北到达江淮地区的水汽可能不足以维持连续的梅雨天气所需的水汽条件。而 WNPSH 偏西的年份下，当 WNPSH 向西扩张，并接近亚欧大陆时，在西北太平洋海域出现强大的高压系统，在该高压系统的主导下，大量暖湿气团不断向北输送到江淮地区，与来自北方的冷空气在该区交汇，形成江淮准静止锋，容易形成强烈的对流活动，为该区降水的发生提供有利的天气条件，这些年份下江淮地区梅雨天气的降水可能更为强烈。

（4）TC 对中国东部季风区极端降水的发生及其量级均有明显的影响。而 WNPSH 对夏季 TC 等极端天气现象具有明显的主导作用，因此 WNPSH 的纬向移动对中国东部季风区的夏季降水及西太平洋地区的 TC 活动都有较大的影响。WNPSH 的位置偏西的年份，高压系统向西延伸接近亚欧大陆，因此这些年份下西太平洋生成的 TC 在移动过程中，受到高压的阻挡难以向北方高纬度地区移动，其移动方向会更趋向于向西移动，集中于广东、海南等中国南方沿海地区。WNPSH 东退的年份，TC 的发生及移动均更趋向于高纬度地区，影响江浙等中高纬度沿海地区。

第 6 章　MJO 的主要特征及其对中国东部冬季降水的影响

本章主要研究中国冬季降水对 MJO 活动的响应。对比夏季，MJO 活动在冬季时期则显得更为活跃，并对许多地区的冬季降水模式都具有较明显的影响。本章研究旨在分析和解决以下科学问题：①MJO 事件如何影响中国东部季风区的降水模式，其背后的作用机制与物理过程是怎样的？②在不同的 MJO 阶段或强度下，中国东部季风区降水的时空特征是怎样的？解决上述科学问题对于理解中国东部季风区降水的机理与产生机制具有重要的意义，也为中国东部季风区冬季的水资源配置与农业管理等提供一定的理论指导基础。

本章内容分为以下几个部分：6.1 节阐述了本书中的 MJO 的定义与指标，以及两种极端 MJO 事件的划分，并对 MJO 事件的主要特征进行了分析，介绍了 MJO 事件的位相划分和 MJO 活动的周期特征；6.2 节研究了两种极端强度的 MJO 事件下中国东部季风区降水的主要特征，并基于 MJO 的位相划分特点，对比了两种场景下在不同 MJO 位相和阶段下降水的区别；6.3 节分析了极端 MJO 事件的场景下，MJO 活动对中国东部降水影响的物理机制；6.4 节总结了本章研究结果的主要结论。

6.1　MJO 的定义及主要特征

图 6-1 为北半球冬半年多年平均向外长波辐射（OLR，W/m^2）、850hPa 纬向风（U850，m/s）和 200hPa 纬向风（U200，m/s）的大尺度空间场。其中，图 6-1（a）表示地球向外长波辐射（OLR）的情况，图 6-1（b）表示对流层低层大气纬向风的情况，图 6-1（c）表示对流层高层大气纬向风的情况。图 6-1 中多年平均值用颜色填充图表示，而均方差根用等值线图表示。这几个气候因子是作为定义 MJO 指标的主要参数的气候场，其中，地球向外长波辐射主要用于反映区域的对流活动及大气云量等，850hPa 纬向风主要表示对流层低层大气的纬向风的活动，200hPa 纬向风主要表示对流层高层大气的纬向风的活动。从图 6-1（a）可以看出，印尼群岛附近的热带地区（90°E～150°E，15°S～15°N）表现出较低的地球向外长波辐射，为 190～220W/m^2，而图中其余的热带地区大多表现为较高的地球向外长波辐射，甚至会超过 240W/m^2。而对于北半球中高纬度地区，则表现为较小的地球向外长波辐射。印尼地区较低的地球向外长波辐射表示该区的云量较多，

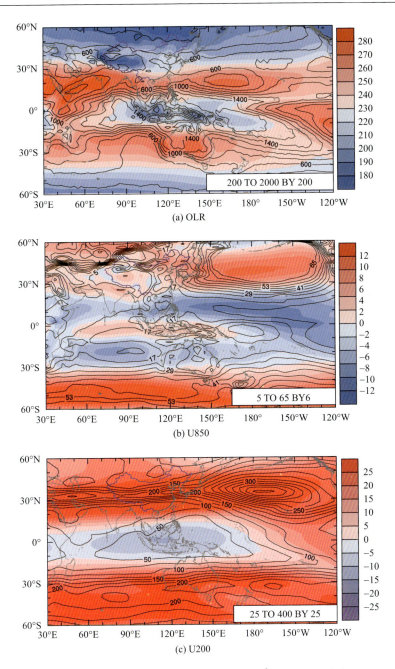

(a) OLR

(b) U850

(c) U200

图 6-1　北半球冬半年多年平均向外长波辐射（OLR，W/m²）、850hPa 纬向风（U850，m/s）和 200hPa 纬向风（U200，m/s）的大尺度空间场

其中颜色填充图为多年冬季平均场情况，而等值线表示对应的方差场

对流活动较强。而东部太平洋地区（120°W～170°W，15°S～15°N），云量覆盖率较少，且对流活动较弱。此外，从850hPa的纬向风的情况可以看出，赤道附近地区在150°E以西的地区以向东的纬向风为主，而150°E以东的地区以向西的纬向风为主，因此，低层大气中热带近赤道附近地区的纬向风相聚合的地区主要为150°E左右的热带附近地区。对比200hPa的纬向风的情况可以看出，200hPa的纬向风在赤道附近空间结构与850hPa相反，均以150°E左右为界，150°E以西主要是向西的纬向风，而150°E以东主要是向东的纬向风。因此可以看出，高层大气中热带近赤道对流层高层的纬向风相发散的地区也主要为150°E左右的热带附近地区。对比图6-1（a）～（c）可以看出，对流活动较强的地区、低层纬向风辐合的地区以及对流层高层纬向风辐散的地区在热带近赤道地区，在空间上具有较高的重合度，均在印尼群岛附近地区（150°E附近地区），该区对流活动最活跃，大气上升活动剧烈，因此850hPa高度的对流层低层大气中该区气压偏低，其周边地区的大气会聚合到该区，该区是850hPa低层大气的聚合区。而对于高层大气，由于该区大气对流层以对流活动为主，空气上升运动剧烈，在对流层顶部表现为高压区，该区大气会出现往外辐散的现象，因此该区大气发散较严重。所以，印尼群岛附近的热带地区是冬季热带对流活动的中心，该区冬季是热带对流活动最活跃的地区。地球向外长波辐射、850hPa纬向风、200hPa纬向风均能较好地反映冬季热带的对流运动中心和大气运动及能量和热量分布情况。

根据以往的研究，实时多变量MJO指标（RMM指标）可以用于划分MJO活动周期的8个阶段，把MJO活动的生命周期划分为8个位相，用于指示热带对流中心的东移情况。不同位相表示MJO活动下热带对流中心的空间位置。例如，第2位相和第3位相用于表示热带对流中心位于印度洋附近，而第6位相和第7位相表示热带对流中心在西太平洋附近的热带海域等。由于RMM指标大于1时表示该日MJO活动较为活跃，因此取RMM指标大于1的时间序列，分为8个位相分别讨论分析，用于研究不同位相下气候场及实际气候的区别，以及MJO不同位相对气候的影响。

图6-2及图6-3分别为第1～8位相下的多年平均降水异常情况及第1～8位相多年平均的850hPa高度下的异常水汽通量和水汽通量散度。各个位相划分为活跃MJO状态下（即RMM指标大于1）及在RMM指标表示位于此位相内的日期序列的平均异常情况。该异常为多年同期的时间序列的距平值。

从图6-2可以看出，各个位相下降水异常具有明显的差异。其中，第1位相下［图6-2（a）］，中国东部季风区的异常主要表现为降水减少，而且主要集中在中国东南部地区，包括广东、福建、江西、浙江、四川等地。中国东南部地区大部分站点平均日降水量的减少幅度一般在0.4mm以上，部分地区如广东等部分站点降水量的减少甚至超过0.8mm。而全国大部分其他地区的站点降水量异常

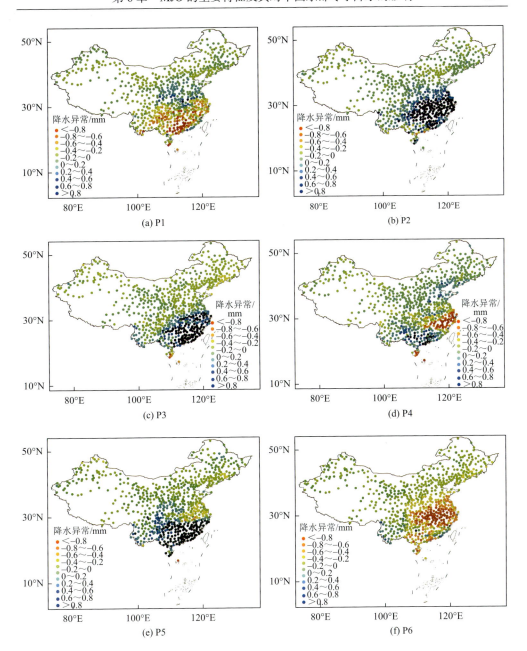

(a) P1

(b) P2

(c) P3

(d) P4

(e) P5

(f) P6

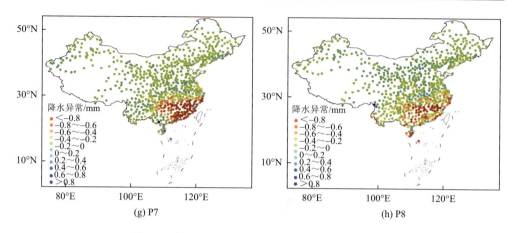

(g) P7　　　　　　　　　　　　　　　(h) P8

图 6-2　第 1～8 位相下的多年平均降水异常情况

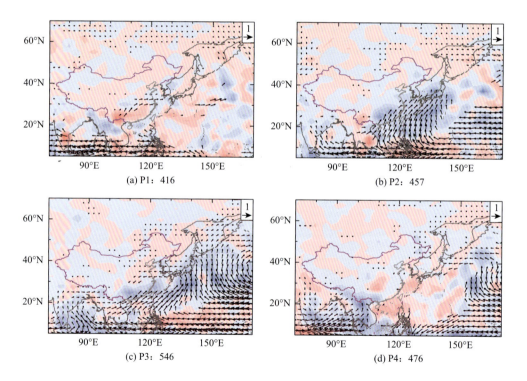

(a) P1：416　　　　　　　　　　　　(b) P2：457

(c) P3：546　　　　　　　　　　　　(d) P4：476

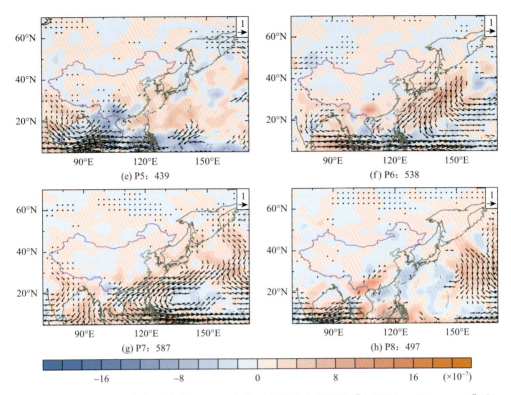

(e) P5：439　　　　　　　　　　　　(f) P6：538

(g) P7：587　　　　　　　　　　　　(h) P8：497

-16　　　　　-8　　　　　0　　　　　8　　　　　16　　$(\times 10^{-7})$

图 6-3　第 1～8 位相多年平均的 850hPa 高度下的异常水汽通量［矢量图，g/(hPa·cm·s)］和
水汽通量散度［颜色填充图，g/(hPa·cm²·s)］

图中仅显示 MJO 指标大于 1 的天数，且仅显示了显著异常（超过 95%置信度）的水汽通量的情况

通常在±0.2mm 之间，因此推测第 1 位相，受到 MJO 活动影响的地区主要是中国东南部，该区在第 1 位相出现了明显的降水减少。

　　而到了第 2 位相［图 6-1（b）］，中国东部季风区降水的异常发生了巨大的转变。中国东部季风区降水异常主要以降水增加为主，长江中下游地区和中国东南部的部分地区，主要包括浙江、江苏南部、湖南、江西、安徽等地，出现明显的降水异常增加现象，这些地区大量站点增加的降水量均超过 0.8mm。而其余地区的降水异常则不明显，降水量的异常值一般不超过±0.2mm。可以总结，在第 2 位相，MJO 事件主要影响区域为中国东部季风区 30°N 附近的地区，主要为长江中下游地区，该区出现明显的降水增加的现象。

　　从第 3 位相的降水异常情况［图 6-2（c）］可以看出，第 3 位相的降水异常实际上与第 2 位相有一定的相似的地方，如两个位相中，中国东部均有较大范围的区域出现明显的降水异常，且该区均表现为明显的降水增加的情况，而中国东部季风区几乎均没有出现降水明显减少的站点。说明两个位相下，MJO 对中国东部季风区的影响主要表现为加剧中国东部季风区的降水，因此，可以推测 MJO 活动在这两个位相均为中国东部大范围的地区带来了有利于降水的气候条件。在第 3 位相下，中国东南部沿海地区，包括广东、福建、江西、浙江、湖南等地区，大量站点降水量增加的幅度超过 0.8mm。而中国东部其他地区的降水异常均不明显。仔细对比第 2 位相和第 3 位相，两者之间受到 MJO 事件影响的范围略有不同，第 2 位相降水增加的区域主要是以 30°N 为中心的长江中下游地区，而到了第 3 位相基本均在 30°N 以南，集中于中国东南部沿海。第 3 位相降水增加的地区实际上比第 2 位相的区域往南约 5°左右，可以推测，MJO 活动范围或产生的有利降水的气候环境可能往南移动，导致其实际异常降水带也往南移。

　　到了第 4 位相［图 6-2（d）］，降水异常的情况发生了巨大变化，中国南部沿海地区如广东、海南等仍存在部分站点降水异常增加的现象，然而长江中下游沿岸地区已出现部分站点降水减少的情况。总体来说，主要发生降水异常的站点也是集中在中国东南部地区及长江中下游地区，然而，这些区域的异常降水量的幅度均较小，对比第 1～3 位相降水的异常已有一定程度的减弱，仅有少数站点的降水量异常的幅度超过±0.6mm。同时可以看出，第 4 位相下，中国东南部地区与长江中下游地区的降水异常开始出现了南北分化。中国东南部地区的降水从第 3 位相的降水大量增加的现象变为仅剩广东、海南等部分南方地区出现降水增加的现象，且降水增加的程度也出现一定减弱，而长江中下游地区已开始出现降水减少的现象。

　　第 5 位相［图 6-2（e）］与第 4 位相相似，中国东南部地区仍为降水增加的区域，而长江中下游地区已开始出现降水减少的站点。结合第 2～5 位相综合分析，可以推测，第 2～5 位相的演变过程中，位于长江中下游的异常增加的降水带逐渐向南扩张传播，到了第 4～5 位相仅基本影响中国南部广东、海南等地区，而长江中下游开始出现降水减少的现象。

　　到了第 6 位相［图 6-2（f）］，降水减少的区域迅速扩张且降水异常减少的程度急速加剧。以 30°N 为中心，中国东部季风区附近的长江中下游的广大地区，大量站点均表现出了降水明显减少的特点，甚至对中国东南部和华北南部等地区也有一定程度的影响。其中，30°N 左右长江下游沿岸的部分站点降水的减少量甚至超过 0.8mm，而中国东南部、华北南部等地区的降水减少量大部分站点都在 0.2～0.8mm。但对于中国东部的其他地区，如华北北部、东北等中高纬度地区，其降水异常则不明显，降水异常的幅度一般不超过±0.2mm。因此可以看出，第 4～5 位相中降水减少的地区迅速扩大且降水减少的程度也迅速加剧。

　　到了第 7～8 位相［图 6-2（g）和（h）］，中国东部季风区的降水异常情况主要仍以降水减少为主，但对比第 6 位相，降水减少的区域南移至 30°N 以南的中国东南部地区，且长江中下游地区已开始恢复为正常的降水情况，没有表现出明显的降水异常。第 6~8 位相，降水减少异常的区域也呈现向南移动的特征。可以推测，自第 5 位相开始，MJO 活动影响下所形成的有利于降水的气候条件南移减弱，甚至在长江中下游地区开始出现不利于降水的气候环境或环流条件，其后这一环流迅速加剧并与第 2~5 位相中的异常降水带所表现出的特征一样开始南移，并在第 8 位相开始主导中国东南部地区，而长江中下游地区的降水量即在多年平均值水平。

从图 6-2 可以看出，第 1~8 位相，中国东部季风区降水异常的空间规律呈现明显的周期变化特征。但第 1~8 位相，受 MJO 活动影响降水异常最明显的区域均集中在长江中下游地区及中国东南部沿海地区。从第 2 位相开始，长江中下游地区开始出现明显的降水增加，其后逐渐往南偏移，到第 5 位相，降水增加的地区已主要集中于中国东南部沿海地区，而长江中下游地区则开始出现降水减少的现象，其后降水减少的现象迅速加剧且影响范围也开始扩大，到第 6 相位，长江中下游已受降水减少区的主导，并在其后该降水减少带继续向南移动，到了第 7、8 位相及第 1 位相，中国东南部地区基本表现为降水减少区，而此时长江中下游地区基本没有表现出明显的降水异常。降水异常的空间演化情况随着 MJO 的活动表现出完整的周期变化特征。为了更好地研究隐藏在实际降水背后，MJO 活动对实际降水条件等的影响机制，本书对各位相对应的水汽输送条件进行了进一步的分析。

图 6-3（a）~（h）分别表示在 850hPa 高度下 8 个 MJO 位相下的大气水汽输送异常的变化情况。图中水汽通量异常指冬季多年平均水汽通量场的距平值，图中仅表示了 RMM 指标大于 1 的天数的情况，且图中仅表示了显著异常（超过 95% 置信度）的水汽通量。可以看出，不同位相的水汽输送异常具有较大的区别。部分位相可以看出明显的水汽通量的异常。其中，第 2 位相和第 3 位相 [图 6-3（b）和（c）] 有明显的水汽通量来自印度洋，沿着西太平洋和南中国海向北输送到中国东部季风区。这意味着在第 2 位相和第 3 位相自西太平洋和印度洋等热带低纬度海域到中国东部的水汽输送增强，因此有利于中国东部降水的发生。而第 6 位相和第 7 位相 [图 6-3（f）和（g）] 则表现出相反的气候条件，水汽输送的方向相反，这些位相下，异常的水汽通量自中国东海向南输送至南中国海等热带海域，而在中国东部季风区则表现为偏北的异常水汽向南输送至低纬度海域。由中国东部季风区冬季期间的盛行季风可以知道，中国东部冬季主要受来自西伯利亚高压的冬季风所影响，盛行风向为偏北风，因此可以推测这些位相下，来自西伯利亚高压的冬季风可能会有所增强，而使得来自北方的干冷气流加强，作为盛行风的偏北风增强，使得来自低纬度海域如南中国海等地区的暖湿水汽难以到达中国东南部沿海地区，因此，在第 6 位相和第 7 位相，这种水汽输送的条件不利于该区降水的发生。从水汽通量散度的角度分析，在第 2 位相和第 3 位相中国东南部的沿

海地区受较明显的异常水汽辐合区的主导。然而，在第 6 位相和第 7 位相可以观察出相反的现象，异常的水汽辐散区主导这些地区，这一规律也与水汽通量的异常相一致。

结合图 6-2 和图 6-3，不同位相下，异常的水汽输送条件均能够较好地解释降水异常情况。在第 2 位相和第 3 位相，异常的水汽通量沿着印度洋、南中国海和西太平洋北上，为中国东部地区提供了充足的水汽，因此有利于中国东部季风区的降水。相反，在第 6 位相和第 7 位相时，向南的水汽输送不利于降水的发生。进一步分析可以看出，中国东部季风区的降水与东亚地区和西太平洋地区的水汽输送有密切的关系。同时，水汽输送可以解释 MJO 位相变换时相应的降水演变。从第 2 位相和第 3 位相向第 6 位相和第 7 位相过渡时，中国东部季风区表现出向南的异常水汽输送增强，同时伴随着来自低纬度热带地区如南中国海向北的水汽输送的减弱。同时与水汽输送的变化具有对应变化特征的是，自第 2、3 位相到第 6、7 位相，中国东部季风区的降水带也相应地向南偏移，异常降水带自长江中下游地区向中国东南部沿海地区移动。MJO 活动在各个位相下对中国东部季风区的降水和水汽输送的时空特征具有重要影响。

图 6-4 为 RMM1-RMM2 的位相-空间二维坐标图，用于表示 MJO 事件的强度和所在的周期位相。该图以 RMM1 指标为横坐标，以 RMM2 指标为纵坐标。由各日 RMM 数据时间序列可绘出连续时间段内 RMM 指标的变化及逐日演变图，根据位相可了解热带对流中心所在位置的移动和演变情况，以及 MJO 事件位相的转变和强度的变化。图 6-4 中各日的位置由 RMM1 和 RMM2 共同决定，距离图中坐标原点的距离即可反映 MJO 事件的强度。一般以 RMM 指标等于 1 作为 MJO 事件的活跃程度的判断，因此图中 RMM 指标如果位于图中圆圈内，则可判断为 MJO 事件的非活跃日，可以推测该时段下热带对流中心可能没有发生明显的东移现象。相反，如果 RMM 指标在该日位于图中圆圈外，即当日可作为 MJO 事件的活跃日，可以判断该时段热带对流中心位置可能发生东移。RMM1-RMM2 图有助于理解MJO 周期所在的阶段及 MJO 周期变化的信息，理解 MJO 事件的变化过程等。

本书中的活跃 MJO 事件与非活跃 MJO 事件的选取方法详见本章方法部分。需要注意的是，本书中选取的 MJO 活跃事件为研究时期内 MJO 活动最强烈的时期，而非以 RMM 指标大于 1 为依据；相对的，MJO 非活跃事件即为研究时期内 MJO 活动最不明显的时期。

从图 6-4 可以看出，MJO 事件在不同年份和不同时期下表现出了巨大的差异。活跃 MJO 事件下［图 6-4（a）］，RMM 指标基本位于较高的水平（RMM 指标大于 1），且在活跃 MJO 事件下，能观察出大量日期下 RMM 指标会达到或超过 2。相对的，在非活跃 MJO 事件下［图 6-4（b）］，大部分时期 RMM 指标都在 1 附近，即图中圆圈附近，或小于 1。同时，第 1~8 位相，RMM 指标表现出逆时针方

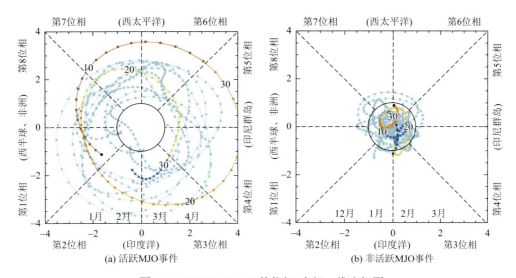

图 6-4　RMM1-RMM2 的位相-空间二维坐标图

所有活跃/非活跃事件均以淡蓝色表示，其中，对于 MJO 指标最高/最低的事件，其不同月份
以不同颜色的线条表示

向的旋转，对于活跃 MJO 事件[图 6-4（a）]，逐日 RMM 指标的变化规律也从第 1～8 位相的演变。活跃 MJO 事件演变经过一个完整位相，例如第 1～8 位相的完整周期转变，需要约 60 天，与 MJO 生命周期的时间长度相对应。因此，可以推测，活跃 MJO 事件下，热带对流中心出现了较为明显的东移，自印度洋和印尼群岛等地区（第 2～第 5 位相），逐渐向西太平洋（第 6 位相、第 7 位相）进行扩张和推移，图 6-4（a）能较好地反映活跃 MJO 事件下，MJO 活动的强度、各时期所在位相及变化趋势和演变规律，以及热带对流中心的所在位置和移动趋势等。而对于非活跃 MJO 事件，RMM 指数一般较小且难以观察出较为明显的变化规律，其变化趋势及位相的转变没有表现出明显的规律和方向，说明非活跃 MJO 事件下，热带对流中心可能不像活跃 MJO 事件下呈现出较为明显的东移的规律。对于两种事件下热带对流中心的所在位置及位置变动情况，以及对应的降水特征等在后续内容中将进一步研究。

6.2　极端 MJO 事件下中国东部季风区冬季降水特征

基于上述研究，根据 RMM 指标已划分出两种极端 MJO 事件，即图 6-4 中所表示的活跃 MJO 事件及非活跃 MJO 事件。基于上述两种 MJO 事件，从中国东部季风区站点的实测降水、大尺度的水汽输送条件、热带对流中心的位置变动、气压场及风场等要素变化，进行进一步研究。

图 6-5 为各站点活跃 MJO 事件和非活跃 MJO 事件下的降水异常情况。图 6-5（a）

表示活跃 MJO 事件下的降水异常变化的站点空间分布情况，图 6-5（b）与（a）一样，但表示非活跃 MJO 事件的情况。

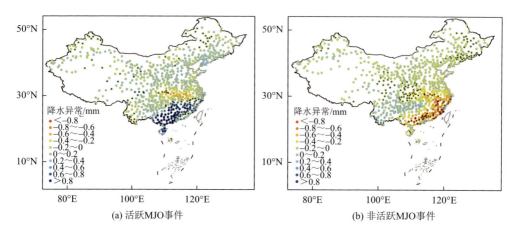

(a) 活跃MJO事件　　　　　　　　　　　　　　(b) 非活跃MJO事件

图 6-5　各站点活跃 MJO 事件和非活跃 MJO 事件下的降水异常情况

降水显著异常（超过 95% 置信度）的站点以黑色实点表示

从图 6-5 可以看出，在活跃 MJO 事件［图 6-5（a）］下，中国东部大部分地区的站点都表现为降水增加，只有少数地区的站点表现出一定程度的降水减少，如长江中下游地区（30°N 左右，110°E～120°E 的范围）等，除这些少部分站点外，中国东部大部分地区的站点均表现为降水增加，尤其中国东南部地区，包括广东、广西、海南、福建等中国东南部沿海地区，部分站点异常增加的降水量达到 0.8mm 以上，可以看出这些地区的站点，其降水异常的增加程度在图 6-5（a）中表现得尤为明显，且这些地区的站点大部分均表现为显著增加，说明这些地区的降水在活跃 MJO 事件下出现了明显的降水偏多的情况。

而从非活跃 MJO 事件下的降水异常［图 6-5（b）］可以看出，非活跃 MJO 事件下，中国东部季风区大部分地区主要表现为降水减少，如中国东南部沿海地区、东北地区、中部内陆地区，湖北、陕西等地的部分站点均呈现出显著下降的降水异常。其中，中国东南部沿海地区，即广东、福建等，其站点表现出显著的降水异常减少的情况。这些地区部分站点减少的降水量可达 0.6mm 以上。可以看出，MJO 活动对中国东部降水影响最明显的在东南部沿海地区，其对其他地区的影响相对较小。活跃的 MJO 活动会使该区降水显著增加，而 MJO 活动不明显的时期，则会使该区降水显著减少。因此可以推测，MJO 活动可能为中国东南部地区带来明显的降水或为中国东南部降水提供一定的有利条件，而 MJO 活动不明显的时期，可能不利于形成降水条件的环境。

为了更深入地研究活跃 MJO 事件与非活跃 MJO 事件的降水异常情况，本书基于 MJO 生命周期的 8 个位相（图 6-2），按各个位相逐一分析了不同位相下两种极端 MJO 事件（即活跃 MJO 事件与非活跃 MJO 事件）的中国东部季风区各个站点的降水异常空间分布情况。

图 6-6 把图 6-5（a）分解为 8 个位相的分量，对 MJO 活动周期的 8 个位相的降水异常单独进行分析。图 6-6 表示了活跃 MJO 事件下，中国东部风区降水在 MJO 活

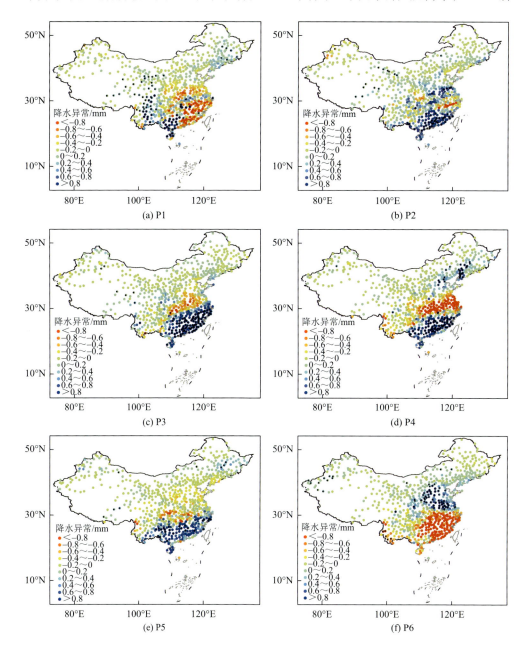

(a) P1　　　　　　　　　　　　　　　　　(b) P2

(c) P3　　　　　　　　　　　　　　　　　(d) P4

(e) P5　　　　　　　　　　　　　　　　　(f) P6

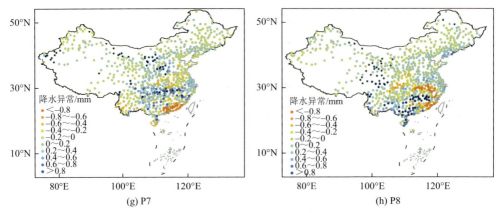

(g) P7　　　　　　　　　　　　　(h) P8

图 6-6　活跃 MJO 事件下各站点的降水异常在第 1～8 位相的分解情况

图中降水显著异常（超过 95%置信度）的站点以黑色实点表示

动周期的 8 个位相下各自的降水异常情况。从图 6-6 可以看出，活跃 MJO 事件下，不同位相下的降水异常情况空间差异巨大，且位相直接的转变有一定规律，第 1～8 位相中国东部季风区降水异常的变化和演变呈现一定的周期变化的规律。

对各个位相的降水异常情况进行逐一分析，从图 6-6 可以看出，第 1 位相中［图 6-6（a）］，中国东部不同地区站点的降水异常呈现巨大的空间分异规律，如中国东南部（110°E 以东，包括广东东部地区、福建、浙江等）及长江中下游大部分地区，以及华北南部均表现出较为明显的降水减少，而广西、海南等地则可观察出明显的降水异常增加的情况，且大量站点的降水呈现显著增加的规律，大部分均超过了 95%置信度，说明活跃 MJO 事件下第 1 位相在广西、海南等部分地区可能带来显著的降水增加的情况。

到了第 2 位相，降水异常增加在中国东部季风区则更为明显，且降水异常增加的范围更为广泛，中国东南部沿海大量地区，如广东、福建、广西、海南等均可观察出明显的降水异常增加，大量站点增加的降水量甚至达到 0.8mm 左右，且这些地区大部分站点均表现为降水显著增加。说明从第 1 位相［图 6-6（a）］到第 2 位相［图 6-6（b）］，中国东部季风区，尤其是中国东南部地区降水异常增加的情况明显，表示 MJO 事件在第 2 位相时对中国东部季风区降水的影响更为明显。

到了第 3 位相［图 6-6（c）］，中国东部季风区降水已出现明显的空间分异规律，以长江下游作为南北分界线（28°N～30°N），在中国东部季风区，该分界线南北地区的站点降水异常具有巨大的空间差异，在长江下游以南的地区及中国东南部地区，都出现了明显的降水增加，且大量站点均通过显著性检验。然而，对于长江下游以北地区，尤其是非沿海的站点，部分地区的站点都可观察到降水减少的情况，主要包括湖北、安徽、河南等地，而对于华北的北部、东北等纬度较高的地区，降水异常对比中国南部地区则相对不明显，表示这些地区在活跃 MJO 事件场景下受到该位相 MJO 活动的影响较小，对这些区域的降水影响程度有限。

从第 4 位相 [图 6-6（d）] 降水异常空间分布可以看出，第 4 位相对比第 3 位相，中国东部降水异常的南北空间分异更为明显，以 30°N 为界，呈现出明显的南部降水增加、北部降水减少的规律，30°N 以南地区仍有大量站点降水异常增加，且部分站点降水仍呈现出显著增加的现象，广东、福建等地区大量站点降水显著增加。但是对比第 3 位相，可以观察出实际上降水异常增加的范围有所缩小，且降水异常增加的地区分布有所南移。而降水异常减少的区域则明显增加，主要表现在 30°N 以北的区域，降水异常减少的区域对比第 3 位相范围明显扩大，部分区域如长江下游沿岸等区域降水均减少。且减少的降水量也明显较大，第 3 位相中，这些区域的站点异常减少的降水量一般为 0.6mm 左右，而第 4 位相大量站点异常减少的降水量均超过 0.8mm。第 3～4 位相的这一转变，即降水异常增加的区域范围减少且出现南移，而降水减少的区域范围扩大且向南延展，降水减少更为明显，可能意味着在活跃 MJO 活动影响下，第 3～4 位相降水带南移。同时可以注意到，东北地区部分站点也出现了降水显著增加的现象，且增加的降水量可达 0.8mm 以上，有可能意味着在中高纬度地区开始出现新的降水带。

到了第 5 位相 [图 6-6（e）]，中国东南部地区的降水仍主要表现为增加的规律，但降水增加的现象对比第 3 位相和第 4 位相则明显出现进一步减弱的趋势，这一地区大量站点已难以观察出显著的降水增加，可能意味着像第 2～4 位相时活跃的 MJO 活动为中国东南部地区带来的有利的降水条件到第 5 位相时已经逐渐消失。基于第 2～5 位相的降水异常的演变规律，可以总结出，第 2～5 位相，可能是活跃 MJO 活动对中国东南部降水影响较大的主要位相，且影响最为剧烈的是第 2 位相和第 3 位相，而第 3～5 位相，活跃的 MJO 活动对中国东南部降水增加的影响则开始减弱。可以推测，这几个位相时，MJO 活动可能为中国东南部地区创造了有利于该区降水的条件，从而使该区在这些位相出现了显著的降水增加，而这一有利的降水条件在第 3 位相后逐渐减弱，到了第 5 位相已开始消失，影响该区降水的生成，使得该区降水增加的现象减弱。

到了第 6 位相 [图 6-6（f）]，中国东南部地区降水增加的现象已基本消失，取而代之的是大范围的降水异常减少。中国南部及长江中下游地区普遍出现降水异常减少的现象，且减少的降水量均较大，大量站点减少的降水量均超过 0.8mm。结合第 4 位相 [图 6-6（c）] 到第 5 位相 [图 6-6（e）]，可以推测，第 3～6 位相降水异常空间分布情况的演变，可能意味着中国东部季风区降水带的南移，自第 3 位相开始出现在华北地区的降水减少的区域逐渐向南扩张，而同时中国东南部地区降水增加的区域则逐渐南退。

从第 7 位相和第 8 位相可以看出，中国东部的站点降水显著异常的现象已基本消失，大部分站点均没有表现出显著的降水异常，中国东南部地区仍以降水减少的站点为主，同时也出现部分站点降水增加。这些位相较少出现降水显著异常，有可能意味着活跃 MJO 事件在第 7 位相和第 8 位相对中国东部降水的影响已经减弱到较小的程度，活跃 MJO 活动对中国东部季风区的降水没有造成显著的影响。因此可以总结出，活跃 MJO 事件的条件下，活跃 MJO 活动对中国东部降水影响最明显的时期主要集中于第 2～4 位相。

由此可以看出，活跃 MJO 事件下，部分位相中国东部的降水异常出现了南北分异的偶极子现象。以长江下游为界（30°N 左右），部分位相中国南部和长江中下游地区、华北地区等地的降水异常表现出偶极子现象，最明显的如第 2～5 位相，而活跃 MJO 事件下中国东南部地区的降水异常 [图 6-5（a）] 情况，即中国东南部沿海地区，如海南、广东、广西、福建等地区的降水显著异常增加，从 MJO 事件的位相角度分析，主要归因于 MJO 第 2～5 位相的时期内这部分地区的降水显著异常增加。

图 6-7 与图 6-6 相似，但表示非活跃 MJO 事件条件下的中国东部季风区的降水异常情况。从图 6-7 可以看出，第 1 位相中 [图 6-7（a）]，中国东部季风区大部分站点都表现出降水异常减少，尤其是长江中下游地区，大量站点降水的减少量在 0.6mm 以上，部分站点超过 95%置信度，出现了显著降水减少。中国南部少量站点出现降水增加的情况，但没有出现降水显著增加的站点。而中国东北部地区的降水异常较小，没有出现明显的降水异常现象。

到了第 2 位相 [图 6-7（b）] 可以看出，该位相下中国东部有一定的南北分异规律，中国南部地区（25°N 左右以南）表现了较明显的降水减少，而长江中下游地区，以及华北地区南部等区域的大部分站点主要表现为降水增加，且江苏等地区部分站点还出现了降水显著增加的情况。

而第 3 位相 [图 6-7（c）] 中国东部降水异常较小，其中，中国东南部较多站点表现出降水增加，而 30°N 左右的地区有部分站点则表现为降水减少。然而，这些站点中仅有少数具有显著异常，说明实际上非活跃 MJO 事件下，MJO 活动在第 3 位相可能没有带来显著的降水异常。

从第 4 位相 [图 6-7（d）] 可以看出，中国东部季风区主要表现出降水减少的现象，除了部分中部地区站点表现出降水异常增加的情况外，其余大部分地区的站点都表现为降水异常减少，其中以东南部沿海地区，如广东东部及福建、浙江等区域最为明显，该区许多站点减少的日降水量都达到了 0.8mm 以上，且部分地区（主要集中在福建）站点的降水表现出显著异常的情况。而华北地区、江苏、安徽等地方则降水减少的程度则较小，大部分站点减少的降水量基本都在 0.4～0.6mm，几乎没有站点减少的降水量超过 0.8mm，其中也几乎没有站点表现出显著的降水减少。

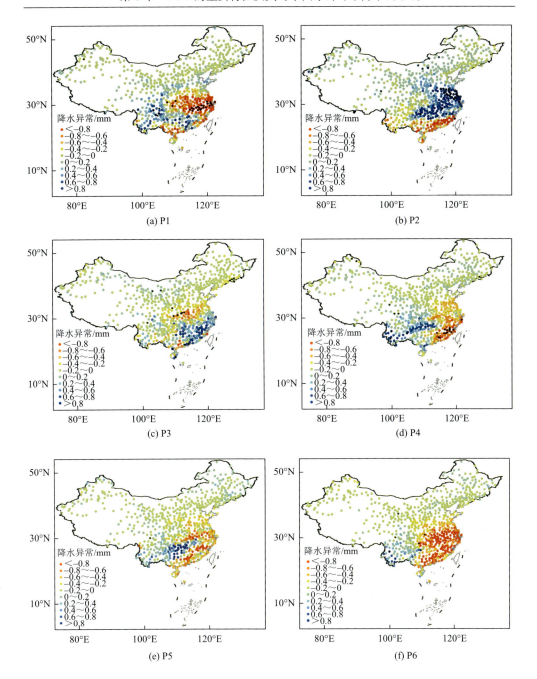

(a) P1　　　　　　　　　　　　　(b) P2

(c) P3　　　　　　　　　　　　　(d) P4

(e) P5　　　　　　　　　　　　　(f) P6

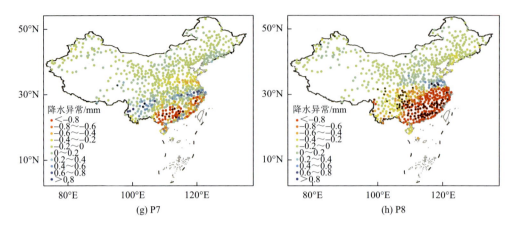

图 6-7　　非活跃 MJO 事件下各站点的降水异常在第 1～8 位相的分解情况
图中降水显著异常（超过 95%置信度）的站点以黑色实点表示

　　从第 5 位相［图 6-7（e）］可以看出，第 5 位相和第 4 位相降水异常的情况大致一样，如降水增加的地区主要仍为四川地区，降水减少的站点主要还是分布在中国东南沿岸及华北南部等地。但是，大部分地区站点的降水异常不明显，福建等地降水异常减少的程度和第 4 位相相比变得更弱，也可以看出几乎没有站点的降水异常超过 95%置信度。

　　从第 6 位相［图 6-7（f）］的降水异常情况可以看出，中国东部季风区大量地区都明显表现为降水减少的情况，在中国东南部、长江中下游地区以及华北地区的南部都表现出较为明显的降水减少，而第 4 位相［图 6-7（d）］和第 5 位相［图 6-7（e）］中降水增加的中部区域的站点也主要表现出降水减少的情况。除华北的北部及东北地区，中国东部大量站点减少的降水量超过 0.8mm。但从图 6-7（f）也可以看出，中国东北部及华北的北部地区降水异常的程度表现得不明显，可能意味着在非活跃 MJO 事件的情景下，这一位相 MJO 活动对这些地区的降水影响不明显。

　　图 6-7（g）表示第 7 位相的降水异常情况，可以看出，该位相降水异常仍以降水减少为主，最明显的区域为中国东南部沿海区域，大量站点减少的降水量可达 0.6mm 或以上，且部分站点降水减少超过 95%置信度，表明这些站点降水显著减少，沿着长江下游沿岸（30°N 左右）部分站点出现了降水增加的情况，但增加的程度不明显，增加的降水量大多在 0.6mm 以下，且几乎没有站点表现出显著的降水增加。华北地区与东北地区以降水减少的站点偏多，但降水减少程度不明显。

　　图 6-7（h）表示第 8 位相降水异常情况，从中可以看出，中国东南部与长江中下游地区表现为大面积的降水异常减少，对比第 6 位相［图 6-7（f）］，其降水

异常的空间分布情况相似，但其范围扩张得更大，且站点减少的降水量也更大，该区大量站点降水的减少量均超过了 0.8mm。而且，中国东南部地区大量站点的降水异常均超过了 95%置信度，说明这些站点降水出现了显著减少的情况。对比第 6 位相和第 8 位相的降水异常情况可以推测，第 6～8 位相，降水减少的情况越来越剧烈。

从非活跃 MJO 事件情景下中国东部降水异常的情况可以看出，除第 2 位相外，大部分位相的降水异常以降水减少为主。仅在第 2 位相部分地区出现较明显的降水增加的情况，包括长江中下游及华北南部地区。降水减少的情况以第 6 位相和第 8 位相最为明显，中国东南部及长江中下游大部分地区都表现为明显的降水减少，其中第 8 位相还能观察出该区大量站点显著的降水减少现象。

对比图 6-6 与图 6-7 可以观察出，活跃 MJO 事件与非活跃 MJO 事件两种情景下，中国东部降水异常具有巨大差异，这一规律也符合图 6-5 中对比两种事件下降水异常的情况。同时，两种极端 MJO 事件下，各位相的降水异常情况也出现了巨大差异。活跃 MJO 事件下，中国东部降水异常在第 1～8 位相可以观察出一定的周期变化规律，即第 2～5 位相期间中国东南部地区降水显著增加，而到了第 6～8 位相降水减少，活跃 MJO 事件下中国东南部降水的增加主要归因于第 2～5 位相的贡献。而非活跃 MJO 事件下除第 2 位相均出现较明显的降水增加外，其余位相中国东部主要表现为降水减少，其中第 8 位相等降水减少的现象表现得尤其突出，中国东南部地区大部分站点均表现为降水减少，这也是非活跃 MJO 位相中国东南部降水显著减少的主要原因。从极端 MJO 事件的降水异常情况总结，中国东部季风区受到 MJO 活动对降水影响的地区在大多数位相下，均主要集中在东南部和长江中下游地区，这些地区在极端 MJO 事件下可能会出现显著的降水异常，其他地区则较少出现剧烈的降水异常。

6.3　极端 MJO 事件影响中国东部季风区冬季降水的机制探究

为了深入研究 MJO 活动对中国东部降水的影响，以及探究两种极端事件下 MJO 活动对中国东部降水的影响机制，本节分析了两种极端 MJO 事件下大范围环流及气候场的变化情况。具体分析了活跃 MJO 事件和非活跃 MJO 事件两种场景下：①亚欧大陆东部及太平洋西部地区的水汽输送情况，包括水汽通量和水汽通量散度异常。其中，包括两种极端事件下总的水汽输送异常及两种事件场景中不同位相下的水汽输送异常。②赤道附近地区向外长波辐射（OLR）异常和风场异常在不同位相下的变化及演变情况。③亚欧大陆东部及太平洋西部地区大范围的气压和风场异常的变化及演变情况。

图 6-8 为活跃和非活跃 MJO 事件下 850hPa 高度下水汽输送异常情况。图 6-8 中仅表示了超过 95%置信度的异常水汽通量（经向水汽通量异常或纬向水汽通量异常其中一个通过显著性检验即会绘出），图 6-8（a）表示活跃 MJO 事件下东亚地区的水汽输送异常情况，而图 6-8（b）表示非活跃 MJO 事件下的水汽输送异常条件。

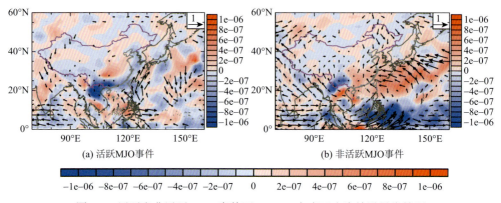

图 6-8　活跃和非活跃 MJO 事件下 850hPa 高度下水汽输送异常情况

其中，矢量图表示水汽通量异常 [g/(hPa·cm·s)]，颜色填充图表示水汽通量散度异常 [g/(hPa·cm^2·s)]。
图中仅显示了显著异常（超过 95%置信度）的水汽通量的情况

从图 6-8（a）可以看出，MJO 活跃事件下，亚欧大陆 120°E 左右，沿着南中国海到东海，出现了从南向北的显著的异常水汽通量，说明该区出现了自南向北的异常水汽输送通道，可以推测活跃 MJO 事件下 MJO 活动可能会把大量水汽从南中国海向北输送，到达东海等地区，甚至可能会影响中国东南部沿海地区，同时可以观察到中国南部沿海地区出现了较为明显的水汽辐合区域，说明该区近地面大气可能表现出水汽含量增加的情况，也与水汽通量异常表现出的规律相一致。而长江中下游地区及华北地区（28°N～30°N 以北）则主要表现为水汽辐散的状态，表明该区低层大气水汽可能会减少。可以看出，活跃 MJO 事件下来自南中国海的向北的水汽输送显著增加，导致中国东南部地区主要表现出降水异常增加，而长江以北地区主要受水汽辐散主导，则可能表现为降水异常减少。这一规律也与图 6-5（a）中表现出的活跃 MJO 事件下的实际降水的异常规律相一致。

而对于非活跃 MJO 事件 [图 6-8（b）]，虽然这一时期许多地区的水汽通量均表现出显著的异常，但这些异常的水汽输送的方向及大小等却难以观察出明显的空间规律，说明该事件情景下 MJO 活动可能没有在东亚及中国东部附近地区造成具有明显规律的水汽输送异常。相比活跃 MJO 事件，缺少了来自南中国海的北向的水汽输送异常。但从水汽通量散度的角度仍可观察出一定的现象，中国东部大部分地区及东海等西太平洋地区，均表现为水汽辐散地区，可以表明这些地区大气低层的水汽含量减少，不利于该区降水的发生。与图 6-5（b）中表现出的中国南部地区的降水减少的情况相一致。

为了更深入地研究极端 MJO 事件的强度和位相对中国降水的影响，基于 MJO 周期的 8 个位相，按各个位相分析活跃 MJO 事件与非活跃 MJO 事件在不同位相下亚欧大陆东部及太平洋西部的大尺度水汽输送的异常情况。类似于图 6-8，但对于图 6-8（a）和（b）分别对水汽输送异常情况，即水汽通量异常和水汽通量辐合及辐散程度的异常基于 MJO 生命周期的 8 个位相进行分解，对各个位相进行分析，研究各个位相 MJO 活动的转变情况及 MJO 活动不同阶段对大气水汽输送条件的影响，以探究 MJO 活动对中国东部季风区气候的影响机制，东亚大尺度水汽输送条件及环流条件在 MJO 活动的不同阶段的影响，找出主要影响阶段及 MJO 活动对东亚气候和中国东部降水产生影响的主导时期，以及影响的物理过程和作用机制等。

图 6-9 为活跃 MJO 事件下 850hPa 高度下第 1～8 位相的水汽输送异常情况。图 6-9 中各位相的水汽通量异常指极端 MJO 事件下对应位相的水汽通量异常，即与图 6-3 中相应的各位相水汽通量的异常场。图 6-9（a）～（h）分别表示第 1～8 位相的水汽通量及水汽通量散度异常情况，P1～P8 后面所跟数值表示该事件的总天数。

在第 1 位相［图 6-9（a）］的水汽输送异常中，中国东部季风区难以观察出明显水汽通量的异常，而水汽通量散度的异常也难以观察出明显规律，东部沿海地区主要表现为异常水汽辐散区，但其水汽辐散程度也不剧烈。南中国海出现一定程度的方向向东的水汽通量异常，但对整个中国东部的影响来说则相对不明显。说明 MJO 活跃事件下，MJO 活动在第 1 位相对中国东部季风区的水汽输送未造成较显著的影响，没有对东亚地区的水汽输送条件及环流条件带来显著的异常影响。

到了第 2 位相［图 6-9（b）］，活跃 MJO 事件下，MJO 活动对东亚地区及西太平洋地区造成了剧烈影响，为该区水汽输送条件带来了显著的异常。可以看出，在热带及低纬度地区，来自印度洋的自西向东的异常水汽输送及热带赤道附近来自西太平洋及中部太平洋的自东向西的异常水汽在南中国海汇合，来自两个方向的异常水汽汇合后，其后水汽输送的方向转向北移动，在地转偏向力的作用下发生偏移，表现为自西南向东北方向的水汽输送，形成来自南中国海向中国南部输送大量水汽的偏向北输送的水汽通道，为中国南部尤其是中国东南部沿海地区带来了大量的显著异常的水汽。因此，中国南部地区降水在第 2 位相可能会出现显著加强，对比活跃 MJO 事件实际在第 2 位相中的站点降水［图 6-6（b）］可以看出，这一水汽条件与实际降水异常相一致，活跃 MJO 事件下该位相下的水汽输送异常可以较好地解释该时期中国东南部地区降水显著增加的现象。

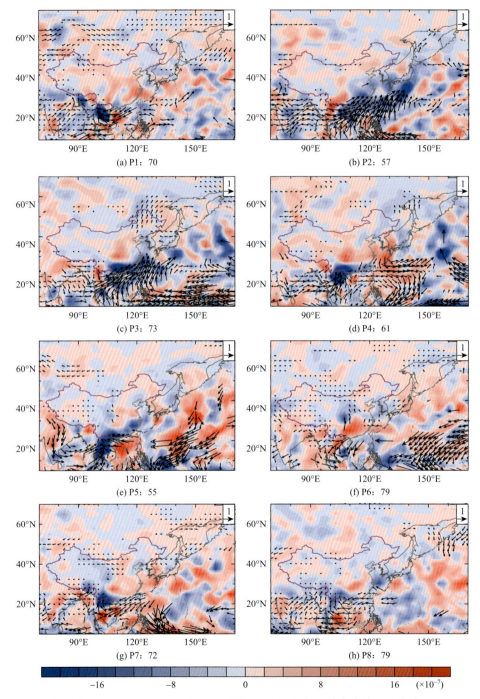

(a) P1: 70　　　　　　　　　　　　(b) P2: 57

(c) P3: 73　　　　　　　　　　　　(d) P4: 61

(e) P5: 55　　　　　　　　　　　　(f) P6: 79

(g) P7: 72　　　　　　　　　　　　(h) P8: 79

图 6-9　活跃 MJO 事件下 850hPa 高度下第 1～8 位相的水汽输送异常情况

其中，矢量图表示水汽通量异常［g/(hPa·cm·s)］，颜色填充图表示水汽通量散度异常［g/(hPa·cm²·s)］。
图中仅显示了显著异常的水汽通量（超过 95% 置信度）的情况

从第 3 位相［图 6-9（c）］可以看出，该位相下的水汽输送异常情况与第 2 位相类似，同样是在热带印度洋出现了异常向东的水汽通量，而在热带西太平洋及印尼群岛附近出现了向西的异常水汽通量，两者在南中国海相汇继而转向北输送，形成自南中国海向中国南部输送的异常水汽输送通道，同时使得中国南部出现较明显的水汽辐合区，尤其是中国东南部沿海地区。但对比第 2 位相可以看出，中国东部的中高纬度地区，具体如长江中下游地区、中国东部及华北地区等均已开始表现为水汽辐散区，可以说明第 3 位相中在长江中下游地区及其以北地区，其低层大气中的水汽含量可能会减少，因此不利于这些地区的降水生成，这些地区甚至可能会存在降水减少的现象。而活跃 MJO 事件下第 3 位相中国东部实测站点降水的异常情况［图 6-6（c）］，也印证了这一现象，该时期长江下游以北地区（30°N 左右以北地区）开始出现了部分降水减少的站点，而长江下游以南地区，包括中国东南部沿海地区的大量站点的实际降水仍表现为显著增加的现象，与同期中国东部季风区表现出的水汽输送异常情况相吻合。

到了第 4 位相［图 6-9（d）］，东亚地区的水汽输送异常对比第 2 位相和第 3 位相发生了巨大的转变。南中国海地区已难以观察到剧烈的自南向北的异常水汽通量，在热带附近的印度洋地区仍可观察到较明显的自西向东的水汽输送异常，但热带地区西太平洋附近显著自东向西的异常水汽输送到第 4 位相时已大幅减弱，使得两者在南中国海附近交汇继而向北输送的现象已变得不明显，来自印度洋的向东的异常水汽部分继续经过并穿越南中国海到达西太平洋，使得其对中国东部季风区的影响减少，来自热带低纬度地区的水汽难以向北到达中国东南部继而对其降水带来更大影响。从图中水汽通量辐合及辐散情况可以看出，中国东部在第 2～3 位相水汽辐合的现象仍然存在，但已继续减弱并逐渐南移，而第 3 位相中水汽辐散的地区也继续加强并向南扩张，说明中国东南部降水增加的区域可能收窄并南退，而长江中下游地区及华北地区等可能会出现降水减少的区域。

到了第 5 位相［图 6-9（e）］，来自南中国海到达中国东部的水汽输送继续减弱，由于来自印度洋的自西向东的热带异常水汽输送减弱，而来自西太平洋的自东向西的水汽输送也继续减弱，两者在南中国海交汇的现象已基本消失，其对中国东南部地区的影响也继续减弱，因此到达中国东部季风区的水汽输送可能比起第 4 位相会继续减少。从第 2～5 位相可以看出，异常的水汽输送通道随着位相的推移逐渐减弱，到了第 5 位相，已难以观察出明显的向北的水汽输送异常，符合图 6-6（b）～（e）中第 2～5 位相中国东南部降水增加的情况逐渐减弱的过程。而从水汽通量散度的异常情况也可以看出，第 5 位相在南中国海已主要表现为水汽辐散区，而中国东南部地区的水汽辐合区继续南移，难以继续为该区降水增加提供充足的水汽条件。

在第 6 位相 [图 6-9 (f)] 中，中国东部季风区附近已基本不存在水汽通量的显著异常，说明该区没有表现出显著的水汽输送条件的异常，表明 MJO 活动在该位相对中国东部季风区的水汽输送条件影响较小。同时，从水汽通量辐散和辐合情况可以看出，中国东南部地区已基本表现为水汽辐散区，说明这一位相下中国南部的低层大气的水汽含量减少，可能不利于该区降水。与图 6-6 (f) 可观察出的中国东南部地区降水异常减少的情况也较为吻合。

图 6-9 (g) 和 (h) 为活跃 MJO 事件下第 7 位相和第 8 位相的水汽输送异常的情况，从中可以看出，两者水汽输送异常的情况接近，中国东部受水汽辐散主导，但水汽通量散度不高，且中国东部也较少出现水汽通量异常，表明这些时期水汽输送异常的情况不明显，因此推测可能这些时期的降水异常也相对较小。结合实际降水分析，第 7 位相和第 8 位相下中国东部降水异常不明显，也符合这些时期水汽输送异常的环流条件。

因此，活跃 MJO 事件场景下，MJO 活动对中国东部季风区水汽输送条件的影响主要集中在第 2~5 位相，其中以第 2 位相和第 3 位相尤为明显。该时期来自南中国海的水汽自南向北的水汽通量显著增加，大量异常水汽从南中国海输送到中国南部地区，中国东南部沿海也表现出明显的水汽辐合，能较好地解释图 6-6 中这些位相降水显著增加的原因。

图 6-10 与图 6-9 类似，但表示非活跃 MJO 事件下的水汽输送异常的情况。从中可以看出，相比活跃 MJO 事件，在水汽输送条件上，非活跃 MJO 事件下的 MJO 活动在东亚地区造成的水汽输送异常较小，在大多数位相均难以观察出显著的水汽输送异常的规律，表明非活跃 MJO 事件下 MJO 活动对中国东部降水的影响相对较小。但也可以在部分位相中观察出一些规律，如第 4 位相 [图 6-10 (d)] 和第 8 位相 [图 6-10 (h)]，仍可观察出中国东部及东南部沿海地区附近存在显著的水汽通量异常的影响，自东北向西南方向的异常水汽通量出现在自东海向南中国海的地区，表明这些区域可能出现向南的异常的水汽输送通道。从图 6-3 中的水汽运动可以看出，促进降水的水汽主要来源于南中国海等海域，因此向偏南方输送的异常水汽通量可能表明该时期来自南中国海的水汽输送受到阻碍并减弱，不利于中国南部降水的生成。

从水汽通量的辐合与辐散情况可以看出，非活跃 MJO 事件的大部分位相下，中国东部季风区受水汽辐散主导，其中第 8 位相最为明显。第 8 位相中国东南部地区表现出明显的大范围的水汽辐散区，该区可能出现明显的降水减少，图 6-7 (h) 中非活跃 MJO 事件的场景下该位相相应的实际降水异常情况可以印证，该时期中国东南部出现了较多降水异常减少的站点，非活跃 MJO 事件下的异常的水汽输送条件也能在一定程度上解释同期相应的实际降水的异常情况。

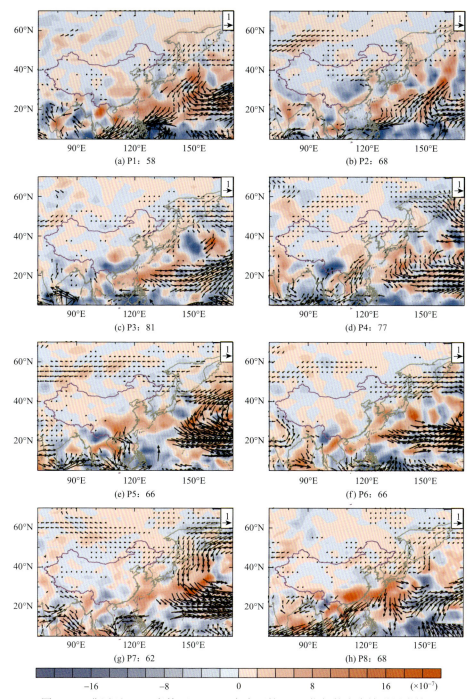

图 6-10　非活跃 MJO 事件下 850hPa 高度下第 1~8 位相的水汽输送异常情况

其中，矢量图表示水汽通量异常［g/(hPa·cm·s)］，颜色填充图表示水汽通量散度异常［g/(hPa·cm^2·s)］。
图中仅显示了显著异常的水汽通量（超过 95% 置信度）的情况

非活跃 MJO 事件的场景下，较为特别的是第 2 位相 [图 6-10（b）] 可以看出，该位相下中国东部季风区出现了较明显的水汽辐合区域，这一现象与其他位相的中国东部季风区主要水汽辐散情况有较大区别，因此推测该时期中国东部季风区的低层大气的水汽含量增加，提供较为充足的水汽条件，因此也有可能导致该时期中国东部降水增加。根据实际降水情况，结合图 6-7（b）中表现出来的第 2 位相的降水异常情况，该时期长江中下游及华北地区较多站点出现了较明显的降水增加的情况。因此，实际降水的异常也与其水汽输送条件异常较吻合。

由图 6-10 可以看出，对比活跃 MJO 事件，非活跃 MJO 事件的情景下，东亚地区水汽输送异常较难观察出明显的规律，说明 MJO 活动对东亚地区在该时期影响较小，而在水汽通量散度方面，除第 2 位相出现部分地区水汽辐合较明显外，在大部分位相中中国东部季风区均表现为水汽辐散区，可能不利于该区降水发生。

为了更好地研究 MJO 活动的规律，便于后续进一步研究其对中国东部季风区降水的影响，基于 MJO 活动的定义与来源，图 6-11 和图 6-12 展现了活跃 MJO 事件和非活跃 MJO 事件两种条件下，热带对流中心在两种极端 MJO 事件下，异常 OLR 和风场 8 个位相的变化和演变情况。

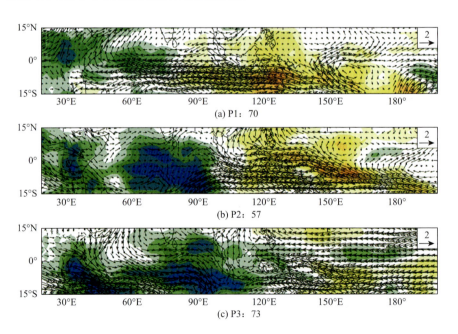

(a) P1：70

(b) P2：57

(c) P3：73

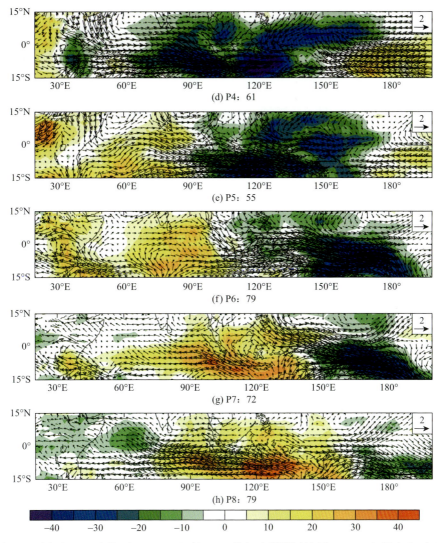

图 6-11　活跃 MJO 事件下（P1～P8）第 1～8 位相赤道附近地区 850hPa 气压高度下风场（矢量图表示，m/s）与 OLR（颜色填充图表示，W/m²）的异常

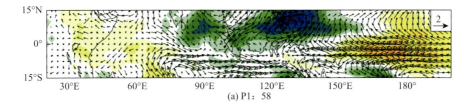

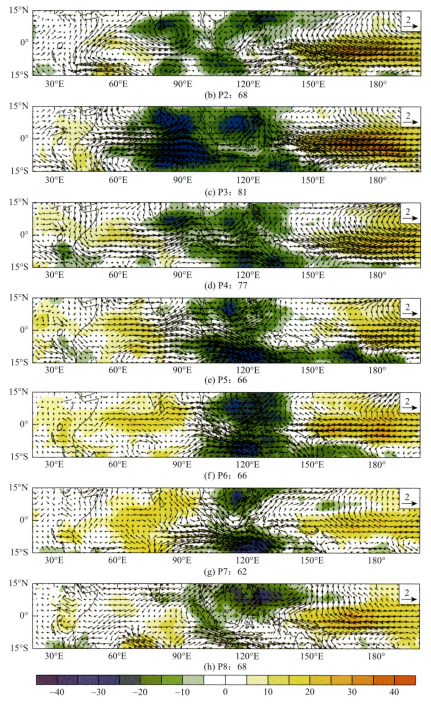

图 6-12　非活跃 MJO 事件下第 1～8 位相赤道附近地区 850hPa 气压高度下风场
（矢量图表示，m/s）与 OLR（颜色填充图表示，W/m²）的异常

从图 6-11 可以看出，热带地区在活跃 MJO 事件下对流活动表现出明显的变化规律与周期规律。热带地区的对流区从第 1 位相在印度洋附近热带海域生成，随后迅速发展并逐渐向东扩散（第 2 位相），发展成强烈的热带对流中心气候向东扩散并开始影响印尼群岛附近（第 3 位相），在第 4 位相已形成广泛的对流活跃区并主导着印度洋、印尼群岛及西太平洋海域，其后在第 5 位相开始逐渐减弱并东退，到第 6 位相已开始离开印尼群岛附近海域，并进入西太平洋，而到了第 8 位相已基本东退至西半球。热带下沉区的发展也随着不同位相间对流区的活动和推移而相应演变，在第 1 位相时，热带下沉活动区主导着印尼群岛附近地区，且该区域的大气下沉活动剧烈，而到了第 2 位相则开始东移至西太平洋，随后逐渐减弱向东退缩并被对流区所取代，到第 5 位相已基本东退至西半球，而此时在印度洋开始出现新的下沉活动区，其后不断发展成剧烈的下沉区并向东扩张，到了第 8 位相已主导印尼群岛附近地区，与第 1 位相的情况相似，形成一个完整的 MJO 变化周期。因此可以总结，在活跃 MJO 事件下，MJO 对流活动区具有明显的向东移动的特性，自印度洋热带海域，跨越印尼群岛地区，再到西太平洋及西半球地区，最终重新出现在印度洋热带海域，由此形成一个完整的周期演变。

图 6-12 与图 6-11 类似，但表示的是非活跃 MJO 事件的场景下 OLR 和风场的异常情况。对比图 6-12 和图 6-11 可以看出，非活跃 MJO 事件和活跃 MJO 事件两种场景下，热带地区对流活动和下沉活动具有明显的差异。根据图 6-12，在非活跃 MJO 事件场景下，热带地区 OLR 和风场的异常情况在各个位相间难以观察出明显的变化规律，但仍可观察出部分位相 OLR 和风场异常的一些区别。可以看出，对于大部分位相，印尼群岛附近均表现为对流活跃区。而对于太平洋地区，则大部分位相均表现为下沉活动区。此外，对于印度洋热带地区，除第 3 位相外，其余大部分位相都表现出了一定强度的下沉活动，但其强度均不高，而对于第 3 位相，印度洋地区的下沉活动基本消失。在不同位相，印尼群岛附近地区的热带对流活动存在一定差异。在第 3 位相热带地区 OLR 负异常较大，即该区对流活动强度较高，热带对流活动明显增强，且对流中心的影响范围广大，印度洋地区均表现为明显的 OLR 负异常，即印度洋地区及印尼群岛附近地区在第 3 位相对流活动都有较明显的增强，而西太平洋地区的下沉活动在第 1~3 位相较强，此后在第 4 位相及其后的位相，下沉活动开始有所缓和。

从热带对流中心的位置可以看出，非活跃 MJO 事件的条件下，热带对流中心几乎不随位相的改变而发生空间移动，几乎所有位相的热带对流中心均在印尼群岛附近，几乎不发生移动，这是其与活跃 MJO 事件的最大区别。RMM 指标能较好地指示印尼群岛附近热带地区对流中心的空间位置及其移动情况和 MJO 活动的情况等。RMM 指标在本书中，能清晰地表示两种极端 MJO 活动具有极大区别。

为了更好地研究两种极端 MJO 活动对中国东部降水影响的机制，以及热带地区对流活动与中高纬度地区的大气环流和实际降水的遥相关关系，探究热带地区对流活动如何对中高纬度地区气候造成影响，图 6-13 和图 6-14 分别表示了活跃 MJO 事件和非活跃 MJO 事件下第 1～8 位相 500hPa 高度下的位势高度异常与850hPa 高度下的纬向风异常的空间分布情况。500hPa 位势高度及 850hPa 风向常用于天气条件分析，用于反映大气环流情况及大气气压水平结构等。因此，500hPa位势高度异常和 850hPa 风场异常同时表现可以较好反映近地面环流情况及主导的气压系统，对于下垫面降水和天气、气候变化等具有很好的指示作用，在天气预报中也作为常用指标。

从图 6-13 可以看出，活跃 MJO 事件下不同位相的位势高度及风场异常具有明显的变化规律。当亚欧大陆东岸或中国东部季风区受到异常低压控制，而西太平洋地区的海域受异常高压主导时，两者之间的气压梯度使亚欧大陆东部的沿岸等地区出现自东向西的异常风向，在地转偏向力的作用下发展成为偏南异常风，形成了自南中国海等低纬度海域向北至东海及中国东南部沿岸地区等的偏南的异常风向，可能使来自南中国海等地的暖湿水汽输送到中国东南部沿海地区，从而使该区大气的水汽含量增加，为该区创造有利的降水条件，在图 6-13 中以 P2 及P3 两个位相表现得最为明显。而这两个位相同时也是图 6-9 中水汽输送异常最为显著的位相，来自南中国海的向北的异常水汽通量为中国东南部地区带来充沛的水汽，该区也表现为明显的水汽辐合区，同时这些位相也是中国东南部地区降水增加最为显著的位相。

从图 6-13 可以看出，在第 1 位相，西太平洋地区，包括日本地区、鄂霍次克海等地区表现为高压控制区，而中国东部等地区开始表现出低压控制区，而到了第 2 位相和第 3 位相则该气压结构发展得更为明显，使得中国东部季风区出现异常的偏南风，有利于南中国海等热带海域的暖湿气流输送到中国东南部地区，从而为该区降水提供有利条件。其后，中国东部季风区的异常低压区继续向东北方向移动，而位于西北太平洋的异常高压区也向东北方向退缩到白令海等太平洋北部地区。而印度地区的高压中心在第 5 位相开始迅速发展并向东移动，在第 6～8位相中国东部季风区基本均受异常高压区的主导，不利于低纬度地区的暖湿水汽输送到中国东部，不利于该区降水。

图 6-14 和图 6-13 类似，但表示非活跃 MJO 事件情景下的情况。从图中可以看出，对比活跃 MJO 事件，非活跃 MJO 事件下 500hPa 位势高度场和 850hPa 风场则难以观察出明显的周期变化规律。除第 2 位相外，亚欧大陆东部及太平洋西部基本均表现为大范围的低压异常，而高压异常则出现在高纬度（50°N 以北）地区，仅在第 2 位相中西北太平洋，如日本地区表现为高压异常，而中国东部季风区表现为低压异常。在第 3～6 位相，中国东部季风区东部的西北太平洋等地区持

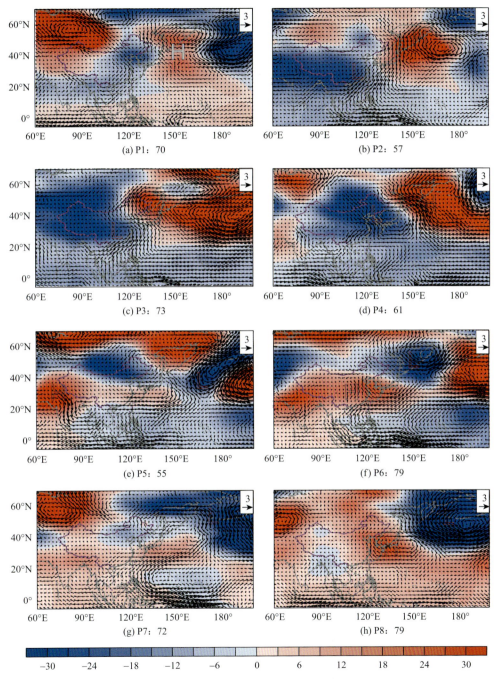

图 6-13　活跃 MJO 事件下第 1～8 位相 500hPa 高度下的位势高度异常（颜色填充图，m）
与 850hPa 高度下的纬向风异常（矢量图，m/s）的空间分布情况

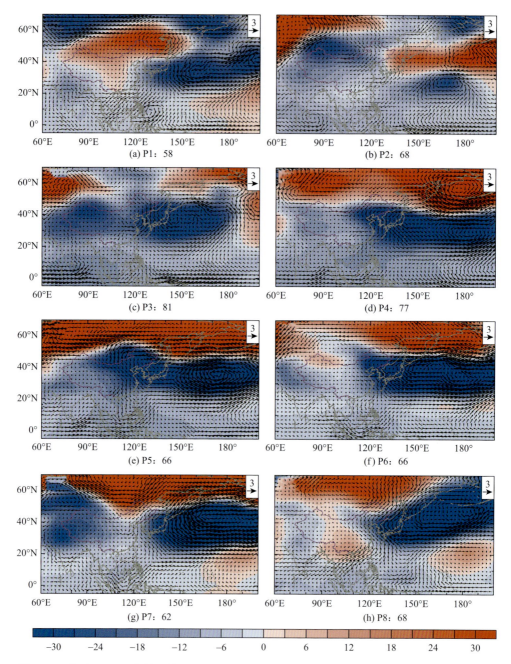

图 6-14　非活跃 MJO 事件下第 1～8 位相 500hPa 高度下的位势高度异常（颜色填充图，m）
与 850hPa 高度下的纬向风异常（矢量图，m/s）的空间分布情况

续表现出明显的位势减少，而亚欧大陆沿岸地区基本受到偏北风的主导，来自南中国海的暖湿气团在该时期难以向北移动到达中国南部地区，因此可能使得该区降水异常减少。

对比活跃 MJO 事件与非活跃 MJO 事件，其最大的区别在于，活跃 MJO 事件下，亚欧大陆东部地区的气压分布模式沿着印度地区、中国东部季风区、鄂霍次克海及白令海一带，基本为高压异常与低压异常相间，且随着位相的推移，该气压分布模式呈现出一定的向东北方向移动的规律。而非活跃 MJO 事件，随着位相的推移，气压异常的空间分布的变化则相对不明显（如第 3～6 位相）。可以推测，活跃 MJO 事件下，热带地区对流中心的东移可能会与中国东部季风区气压系统的周期变化具有一定的遥相关关系。热带对流中心自印度半岛向中东太平洋的东移，伴随着印度地区—中国东部季风区—西北太平洋地区的高压—低压—高压系统向东北方向的传播，使得中国东部季风区从低压区主导向高压区主导转变，进而影响该区水汽输送及降水变化。

6.4　本 章 小 结

本章研究分析了 MJO 活动对中国东部季风区冬季降水的影响。基于不同 MJO 事件以及不同 MJO 位相，分析了中国东部季风区冬半年的降水模式，并从水汽输送和大气环流的角度分析了 MJO 事件对降水的影响，主要结论如下。

（1）不同 MJO 位相下中国东部季风区的降水和相应的水汽输送具有明显的差异。在第 2 位相和第 3 位相下，来自印度洋、西太平洋和南中国海的水汽向北输送到中国东部，导致中国东南部亚热带地区，包括中国东南部沿海地区和长江中下游流域的降水增强。而在第 6 位相和第 7 位相下，中国东南部大部分地区表现出明显的大气水汽辐散现象，这种现象可能不利于降水的发生。

（2）在活跃 MJO 事件下，中国东南部地区的降水量显著增加；相反，非活跃 MJO 事件下中国东南部地区降水量显著减少。活跃 MJO 事件下降水的增加主要是由第 2～5 位相的降水增加导致的，而非活跃 MJO 事件下则是大部分位相均表现为降水减少。

（3）在活跃 MJO 事件下，大量异常水汽通量在第 2～4 位相从南中国海输送到中国东南部地区，这可能为中国东南部降水的发生带来充足的水汽。而在非活跃 MJO 事件下，大部分位相中国东部主要均表现为水汽辐散地区。部分位相如第 8 位相出现了显著的自北向南的异常水汽通量，不利于南中国海的暖湿水汽到达中国东南沿海地区，而中国东南部地区也表现为明显的水汽辐散异常，使得这些地区大气的水汽含量减少，不利于这些地区降水的发生。

（4）在活跃 MJO 事件下，热带对流中心表现出明显的东移现象，从第 2～3 位相时位于印度洋地区逐渐移动到第 6～7 位相时的热带太平洋地区。相应的，在第 2～3 位相到第 6～8 位相过程中，亚欧大陆和西太平洋地区之间大气的气压系统也表现出向东北方向传播的现象。在第 2～3 位相时，中国东部季风区主要表现为异常低压，此时西太平洋海域表现为异常高压。其后在第 5～6 位相时，中国东部季风区的异常低压向东北方向移动到中北部太平洋和白令海等地区，而印度洋地区的高压系统也向东传播到中国东部季风区。到了第 6～8 位相，北太平洋地区和白令海主要表现为异常低压，而中国东部主要表现为异常高压。因此，活跃 MJO 事件下，随着位相的推移，亚欧大陆东部地区大气气压系统呈现出一定程度的向东北方向传播的规律，热带对流中心的移动可能也与东亚地区的大气气压系统的周期变化有关。

（5）在非活跃 MJO 事件下，热带对流中心基本位于印尼群岛附近，其位置几乎不随 MJO 位相的改变而移动。此外，与活跃 MJO 事件相比，非活跃 MJO 事件下位势高度及风场也难以观察到明显的变化规律。大部分位相下亚欧大陆东岸和西太平洋海域都表现出异常低压，而高纬度地区（50°N 以北）表现为异常高压。因此，对比两种 MJO 事件之间的位势高度场随着位相的改变，可以推断，在活跃 MJO 事件时，热带对流中心的东移可能与中国东部季风区的气压分布模式向东北方向移动的现象具有一定的相关关系。

第7章　TC 极端降水时空特征及水汽条件分析

西太平洋上生成的 TC 平均每年在中国登陆 7～8 次，是夏秋季节对中国东部季风区威胁最大的自然灾害之一。对于由 TC 引发的极端降水及其水汽条件于本章进行单独的详细分析。本章研究旨在解决如下科学问题：①TC 在不同地区及不同时期对中国东部季风区有何种程度的影响？②TC 与极端降水的联系如何？③TC 极端降水的成因与发生机制是怎样的？这些问题的回答对于 TC 极端事件引起的洪涝灾害的防御能力的提升有着十分重要的意义。

本章内容主要如下：7.1 节研究了 TC 降水的分离方法及 TC 对极端降水的贡献率，并研究了 TC 极端降水贡献率与海岸线的关系；7.2 节主要研究了 TC 极端降水的时空特征及其原因；7.3 节主要基于大气水汽条件及 TC 极端降水与 ENSO 的关系研究了 TC 极端降水的成因；7.4 节总结了本章主要内容。

7.1　TC 对中国极端降水的贡献率及其与海岸线距离的关系

7.1.1　分离 TC 降水

TC 降水的判定方法有很多，上海台风研究所采用的天气图法虽然比较准确，但效率低下，且存在一定主观性。近年来较多研究采用定义距离台风中心一定半径范围内的降水为 TC 降水的方法，采用的半径在 200～1000km 不等[157, 173-175]。为了确定一个客观合理的半径，本书计算了 TC 中心经过站点当天及其前、后 1 天共 3 天的平均日降水量与站点距 TC 中心之间距离的关系（图 7-1）。由图可知，距离 TC 中心 100km 内的平均日降水量为 26.55mm，100～300km 是 15.66mm，而 300～500km 的平均日降水量为 9.91mm，降水强度差距比较大，说明在距离 TC 中心 500km 范围内降水强度随距离的增大而迅速地减小。再看距离 TC 中心 500～800km 的平均日降水量为 6.24mm，而 800～1000km 为 5.23mm，其降水强度仅减小了 1mm/d，说明当距离超过 500km 时，TC 对降水的影响很小，由此本书认为 TC 对降水的影响半径为 500km。另外，Villarini 和 Denniston[176]认为当 TC 经过某一地区时，TC 对该地区影响时间持续应包括 TC 经过当天的前 1 天和后 1 天，本书也将 TC 经过前、后 1 天的降水定义为 TC 降水。基于此，当 TC 中心经过某个站点半径 500km 圆形范围内时，该站点当天及前、后 1 天共 3 天的降水即为 TC 降水。

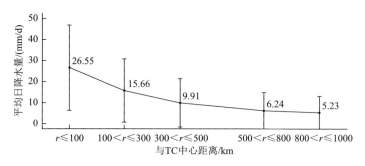

图 7-1　平均日降水量与距离 TC 中心半径的关系

　　基于以上对 TC 降水的定义，图 7-2（a）和（c）所示为多年平均 TC 年降水量及其变化趋势，可见 TC 降水分布范围很广，覆盖了云南、四川东部、陕西、内蒙古以东的地区。总体上看，TC 降水呈自东南向西北递减的趋势。TC 降水最多的地区是海南岛和广东、福建东南沿海地区。其中，广东和海南有 14 个站点的年平均 TC 降水量达到 600mm 以上；广西、广东、福建省 TC 年降水量超过 400mm 的站点共 63 个；TC 年降水量超过 200mm 的站点共 176 个，覆盖了广西南部、广东全省、福建及浙江东部地区；广西北部、湖南及江西南部、福建、浙江北部及江苏南部的年平均 TC 降水量也可以达到 100mm 以上；TC 年降水量达到 50mm 的地区则延伸到环渤海地区、江苏、安徽、江西及湖南北部、贵州南部、云南南部等内陆地区，除此之外，其余内陆地区的年平均 TC 降水量不超过 50mm。而 1960～2014 年以来 TC 降水总体呈下降趋势，但是只有 47 个站点的下降趋势通过 95%显著性检验，这些站点分布在广西、云南、贵州、广东、安徽、山东、河北以及黑龙江。另外，贵州、湖南、湖北、江西及浙江等地的 TC 降水呈上升趋势，但是仅有贵州、云南有 6 个站点的上升趋势通过 95%显著性检验。

　　图 7-2（b）和（d）所示是多年平均降水总量和变化趋势。年降水量同样是东南沿海地区最高，海南、广东南部、广西南部、云南、福建东部等地区共有 25 个站点的年平均降水量达到 2000mm 以上，其次是江西、福建西部、广东中部等地区有 203 个站点的年平均降水量达到 1600mm 以上；长江中下游以南的福建、江西、湖南、贵州、广西、广东、浙江的年降水量在 1200mm 以上，而长江中下游以北的江苏、安徽、湖北、重庆、四川等省份的年降水量在 800mm 以上。其余黄河中下游、环渤海及东北、内蒙古地区年降水量则不超过 800mm。虽然东南沿海的年降水量仍然高于西北内陆，但是也存在如江西及福建西部的年降水量大于福建沿海年降水量的情况，另外，云南南部少数站点降水量达到 2000mm 以上，也是超过了广东、福建等大部分地区降水量，说明总降水量的空间分布与 TC 降水的空间分布存在一定差异。由图 7-2（d）可知，江西、福建、浙江、安徽和江苏南部以及中国西部地区的年降水总量在 1960～2014 年呈上升趋势，其中有 112 个站点的上

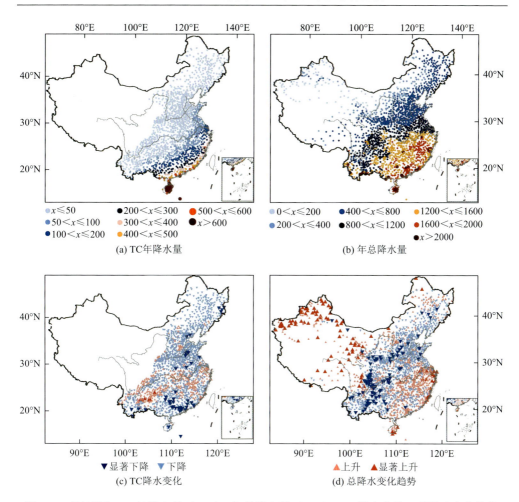

图 7-2　多年平均 TC 年降水量（mm）、年总降水量（mm）、TC 降水变化、总降水变化趋势

升趋势通过 95%显著性检验；而云南、贵州、四川东部、甘肃南部、陕西、东北等地区则呈下降趋势，有 90 个站点的下降趋势通过 95%显著性检验。值得注意的是，贵州的 TC 降水呈上升趋势，而总降水量却呈现出显著的下降趋势，这与贵州地理位置的特殊性有关，贵州位于中国西南地区东部，其降水除受到 TC 和 WNPSH 影响外，还受到包括青藏高原地形因素、东亚季风、南亚季风因素的影响[177-179]，在多重因素影响下，虽然贵州地区 TC 降水增加，但总降水却呈下降趋势。应用区域显著性检验来检验全国 TC 降水总量和总降水量的变化趋势得出的显著性水平分别为 62%和 79%，均没有通过 95%的显著性检验，说明无论是 TC 降水总量还是总降水量在 1960～2014 年的变化趋势均不明显。

7.1.2　TC 对极端降水的贡献率及其与海岸线距离的关系

　　研究极端降水，首先要正确定义极端降水。目前，定义极端降水最常见的方法有超阈值法和最大 1 天降水法等。其中，绝对阈值法一般以绝对值作为阈值，超过此阈值的降水则为极端降水，如我国一般定义日降水量超过 50mm 的降水为极端降水。除此之外，连续 3 天降水总量超过 100mm 和连续 5 天降水总量超过 150mm 也常作为极端降水定义的阈值。绝对阈值法定义极端降水事件较为直观、极端、简单。相对阈值法则根据地区降水百分位临界值来定义极端降水，故常称作"百分位法"，百分位法定义极端降水是目前国内外最常使用的方法。这种方法是以降水经验概率分布为基础的定义方法，首先计算非零降水序列的累计分布函数，而后定义某一百分位临界值作为确定极端降水的阈值。常用到的百分位有 90%、95%、97.5%和99%[180]。这种方法考虑了不同地区气候的差异性，避免了不同地区极端降水强度不同，而难以使用同一标准衡量。另外，将每年最大 1 天降水作为极端降水的方式也常常在研究中使用。这种方法计算简单，又不似绝对阈值法那样忽视地方差异。由于中国幅员辽阔，受地形和不同气候模式等因素的影响，中国年降水总量自东南向西北呈递减的趋势，例如，中国东南沿海地区的年降水量可达到 2000mm 以上，而西北地区的年降水总量大多不超过 600mm。绝对阈值法定义极端降水存在很大的经验性和主观性，不能很好地考虑不同地区之间的差异，所以在研究 TC 对极端降水的贡献率时将分别采用每年最大 1 天降水和百分位的降水来定义极端降水。以95%百分位极端降水为例，日降水量≥0.1mm 的降水序列的第95%百分位及以上的降水为极端降水。据此，若极端降水当天或其前、后 1 天中，以站点为中心的 500km 范围内有 TC 经过，该天降水即为 TC 引起的极端降水。

　　图 7-3 为 TC 降水对极端降水的贡献率，TC 降水对极端降水的贡献率的空间分布也呈现出东南沿海—西北内陆递减的规律。图 7-3（a）为 TC 降水对每年最大 1 天降水的贡献率，海南、广东、广西、福建的沿海地区有 27 个站点的 TC 极端降水贡献率超过 60%，而贡献率超过 40%的站点有 110 个，江西南部、浙江和山东半岛的 TC 贡献率也在 20%～30%，其余大部分受 TC 影响的内陆地区如河南、河北、贵州等地 TC 对极端降水的贡献率不超过 10%。图 7-3（b）、（c）和（d）分别为 TC 对 97.5%、95%和 90%百分位极端降水的贡献率，不难发现，对于百分数越大的 TC 极端降水，贡献率越大，这从一定程度上反映出 TC 降水强度通常都很大，容易形成非常极端的降水。不论是 TC 对每年最大 1 天降水的贡献率还是对 97.5%、95%和 90%百分位极端降水的贡献率，其分布模式基本一致，进一步证实了 TC 极端降水的空间分布规律。为简化篇幅，下文中仅分析 TC 对每年最大 1 天降水和 95%百分位降水的相关特征。

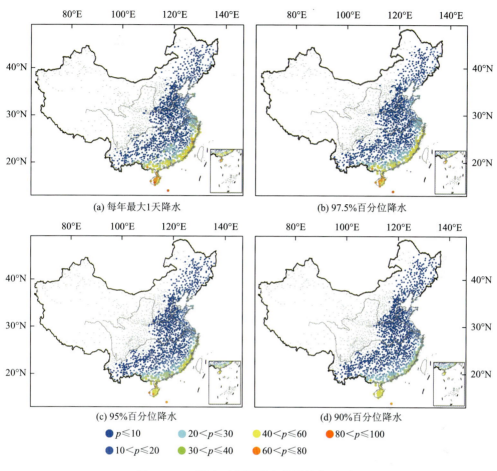

(a) 每年最大 1 天降水　　(b) 97.5%百分位降水

(c) 95%百分位降水　　(d) 90%百分位降水

$p \leq 10$　　$20 < p \leq 30$　　$40 < p \leq 60$　　$80 < p \leq 100$

$10 < p \leq 20$　　$30 < p \leq 40$　　$60 < p \leq 80$

图 7-3　TC 降水对极端降水的贡献率（%）

　　TC 登陆以后从海洋移入陆地，受到地形因素的影响，强度迅速减弱，但是不少内陆地区也受到 TC 的严重影响，发生罕见的暴雨、洪涝灾害。因此，作者研究了 TC 极端降水贡献率与海岸距离的关系，如图 7-4 所示。TC 降水在越靠近海岸的地方占比越大，在距离海岸 250km 以内的地区的 TC 降水贡献率随距离增大而迅速地减小；当距离超过 250km 以后，TC 降水贡献率的变化速率变得十分缓慢。然而，在距离海岸线 350km 的地区，TC 对每年最大 1 天降水的贡献率最大可以达到 27.2%，说明 TC 引起的极端降水对距离海岸上百千米以外的内陆地区的影响也不可忽视。总体上讲，TC 对每年最大 1 天降水和 95%百分位定义的极端降水以及全年降水的贡献率随海岸距离的变化相似，但是 TC 对每年最大 1 天降水的贡献率要大于 TC 对 95%百分位极端降水的贡献率，TC 对全年降水的贡献率最小，且它们之间的差距随海岸距离的增大而减小，例如，距离海岸线 50km 以内的每年最大 1 天降水的 TC 贡献率均值为 34.0%，而 95%百分位降水的 TC 贡献率均值为 25.3%，全年降水的 TC 贡献率均值为 16.6%；而在距离海岸 250km 的地区，这三者分别为 9.5%、7.8%、6.0%。说明在越靠近海岸的地区，TC 对极端降水的贡献率与 TC 对总降水的贡献率之间的差距越大，这说明在海岸线附近的地区 TC 降水强度大于离海岸远的地区。

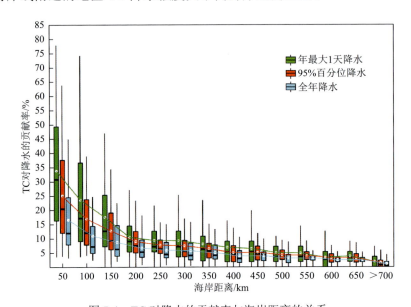

图 7-4 TC 对降水的贡献率与海岸距离的关系

内、外限为 5%和 95%百分位值；箱子的上限和下限为 25%和 75%百分位值；箱子中的横线为中位数，白色圆点表示均值

7.2 TC 极端降水的时空分布特征及其原因

本节主要研究 TC 极端降水的时空分布特征及其原因。为了方便衡量不同强度的 TC 极端降水时空分布特征，本章定义日降水量在 50～100mm、100～150mm 和≥150mm 的 TC 降水为轻度、中度和重度 TC 极端降水。

7.2.1 分离 TC 降水

图 7-5 为 TC 极端降水频次空间分布。图 7-5（a）为轻度 TC 极端降水（降水量级为 50～100mm）的累积频次分布，海南和广东沿海地区的频次达到 120 次以上，大部分东南沿海地区也在 80 次以上，而江苏沿海、广东和福建的内陆地区的轻度 TC 极端降水的频次也达到 40 次以上；辽东半岛、江苏、安徽、福建、江西南部和广西北部等内陆地区的频次超过 10 次，其余受 TC 影响的内陆地区

如河南、河北、贵州和云南等地轻度 TC 极端降水的频次不超过 10 次。图 7-5（b）
为中度 TC 极端降水（降水量级为 100～150mm）的频次分布，海南和广东、
福建少数沿海地区的中度 TC 极端降水频次达到 40 次以上，而大部分沿海地区
的频次在 31 次及以上；浙江沿海和广东、福建的内陆地区的频次在 16～30 次，
广东、广西的北部，江西、湖南的南部，辽东半岛和江苏沿海地区的中度 TC 极
端降水频次在 5～15 次，其余河南、河北、安徽、东北等地的频次则不超过 4 次。
图 7-5（c）为重度 TC 极端降水（降水量级≥150mm）的频次分布。海南和广
东沿海等少数几个站点在 35 次以上，广东、广西和福建沿海等重度 TC 极端
降水频次在 13 次及以上，云南南部、广西、广东北部、福建、浙江、江苏、
江西、湖南南部、河南、安徽、河北以及环渤海地区均发生过重度 TC 极端

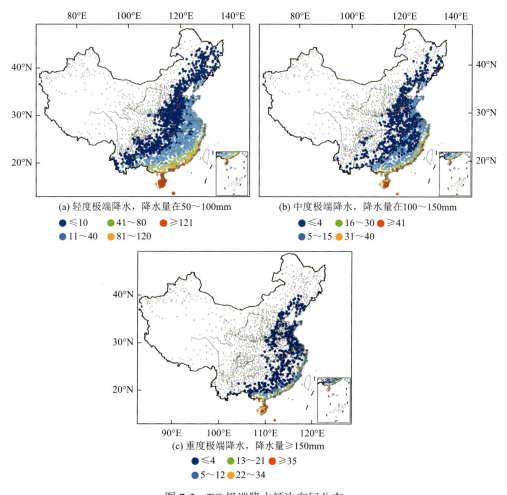

(a) 轻度极端降水，降水量在50～100mm

● ≤10　● 41～80　● ≥121
● 11～40　● 81～120

(b) 中度极端降水，降水量在100～150mm

● ≤4　● 16～30　● ≥41
● 5～15　● 31～40

(c) 重度极端降水，降水量≥150mm

● ≤4　● 13～21　● ≥35
● 5～12　● 22～34

图 7-5　TC 极端降水频次空间分布

降水事件。由此可以看出，TC 引起的极端降水的影响范围十分广泛，不仅对沿海地区造成频繁的极端降水，在内陆地区引起的降水量级也很大。

7.2.2　TC 极端降水时间变化特征

1. TC 极端降水年际变化特征

统计 1960～2014 年所有 TC 日降水超过或达到轻度、中度和重度极端降水的累积频次的逐年变化，如图 7-6 所示，对其进行 MK 趋势检验得出结果见表 7-1：轻度 TC 极端降水多年平均频次为 440 次，中度 TC 极端降水多年平均频次为 106 次，重度 TC 极端降水多年平均频次为 50 次；1960～2014 年轻度 TC 极端降水有下降趋势，下降速率为–7.88 次/10a；中度 TC 极端降水表现出缓慢上升的趋势，变化速率为 0.56 次/10a；重度 TC 极端降水则表现出缓慢的上升趋势，变化速率为 0.45 次/10a。由此可知，轻度 TC 极端降水次数在减少，而重度 TC 极端降水次数在增加，这说明 TC 降水强度在增加，Chang 等的研究结果也表明，近几十年间，TC 降水强度呈增加的趋势[181, 182]。

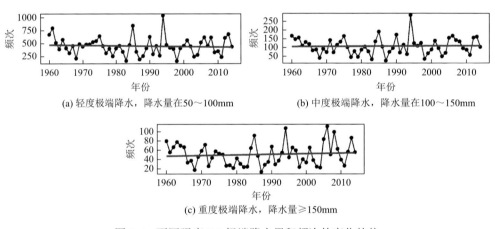

(a) 轻度极端降水，降水量在50～100mm　　　　(b) 中度极端降水，降水量在100～150mm

(c) 重度极端降水，降水量≥150mm

图 7-6　不同强度 TC 极端降水累积频次的变化趋势

蓝色直线表示 Sen 坡度估计

表 7-1　1960～2014 年不同强度 TC 降水频次和变化速率

项目	降水强度		
	50～100mm	100～150mm	≥150mm
年平均频次/次	440	106	50
变化速率/(次/10a)	–7.88	0.56	0.45
场均频次/次	26.6	6.4	3.1
场均频次变化速率/(次/10a)	1.2	0.04	0.2[*]

* 表示通过 MK 95%置信检验

2. 季节变化特征

图 7-7 为不同强度 TC 极端降水累积频次的逐月变化。不论是轻度、中度还是重度 TC 极端降水都呈单峰型季节分布。4 月开始出现 TC 极端降水，7 月开始迅速增加，8 月达到顶峰，7～9 月为盛期，过了盛期之后，TC 极端降水事件发生频次迅速减少。由表 7-2 可知，约有 37%的 TC 极端降水发生在 8 月，约 80%的 TC 极端降水发生在盛期 7～9 月。

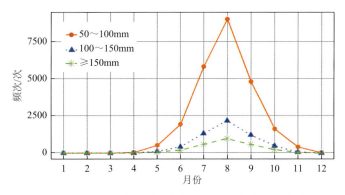

图 7-7　不同强度 TC 极端降水累积频次的逐月变化

红色实线圆点为轻度 TC 极端降水，降水量在 50～100mm；蓝色点线三角为中度 TC 极端降水，
降水量在 100～150mm；绿色虚线星点为重度 TC 极端降水，降水量≥150mm

表 7-2　轻度、中度、重度 TC 极端降水的季节性分布

月份	轻度 TC 极端降水		中度 TC 极端降水		重度 TC 极端降水	
	频次/次	占比/%	频次/次	占比/%	频次/次	占比/%
1	0	0	0	0	1	0.04
2	0	0	0	0	0	0
3	0	0	0	0	0	0
4	44	0.2	5	0.1	7	0.3
5	520	2.1	120	2.06	81	3.0
6	1936	8.0	421	7.2	195	7.1
7	5826	24.1	1324	22.7	590	21.5
8	9030	37.3	2182	37.4	785	35.9
9	4811	19.9	1200	20.9	595	21.7
10	1623	6.7	489	8.4	249	9.1
11	418	1.7	75	1.3	40	1.5
12	13	0.1	2	0.03	1	0.04

7.2.3　TC 频次和轨迹特征

TC 降水的变化与 TC 频率和路径直接相关，所以研究 TC 的频次和路径分布有助于分析 TC 极端降水时空分布的原因。

1. TC 路径分布特征

图 7-8 为 1960～2014 年所有 TC 路径和频次分布图。其中，图 7-8（a）为 TC 路径，图 7-8（b）为 TC 经过每个 1°×1°的栅格内的频次，同一个 TC 重复经过同一个栅格只记一次。由此可以很直观地看出，TC 经过最频繁的地区是中国海南岛、东南部地区和台湾岛东南地区，最多可以到 75 次以上，普遍在 50 次以上。中国东南沿海也可以达到 30 次左右，中国东南部在 15～30 次，而内陆地区则不超过 10 次。东北地区甚至内蒙古也有过罕见的几次 TC 经过。对比TC 频次分布图和 TC 极端降水频次分布图，海南岛、福建、广东沿海地区是TC 通过频次最多的陆地，也是 TC 极端降水贡献率和频次最多的地区，其空间分布高度吻合。

2. TC 频次年际变化趋势

图 7-9 为 1960～2014 年生成 TC 和影响 TC 的频次。由图可知，自 1960 年以来，不论是生成的 TC 还是对中国产生影响的 TC，均有明显减少的趋势，经 MK 趋势检验和 Sen 坡度估计，生成 TC 频次的下降速率为 0.3 个/a，影响 TC 频次的下降速率为 0.1 个/a，二者均通过 95%置信检验。这说明 TC 总降水和 TC 极端降水的下降趋势与 TC 个数的显著下降有关。

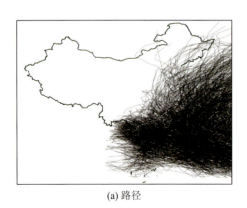
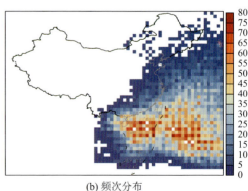

(a) 路径　　　　　　　　　　　　　　(b) 频次分布

图 7-8　1960～2014 年所有 TC 路径和频次分布图

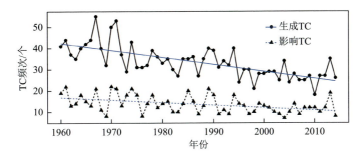

图 7-9　1960～2014 年生成 TC 和影响 TC 的频次

蓝色直线为 Sen 坡度估计结果。其中生成 TC 指有记录的西太平洋生成的 TC；影响 TC 指在
中国引起了极端降水的 TC

　　由前面的结果可以总结出，TC 数量的显著减少引起了 TC 降水以及轻度 TC 极端降水的下降，然而对于中度 TC 极端降水的频次并没有减少及重度 TC 极端降水呈上升趋势仍没有很好的解释，为此，本书进一步探讨 TC 降水强度的变化。将不同强度的 TC 极端降水频数除以 TC 数量得出平均单个 TC 引起的极端降水频次。图 7-10 为平均单个 TC 引起的不同强度 TC 极端降水累积频次的变化趋势，经过 MK 趋势检验和 Sen 坡度估计，轻度 TC 极端降水的场均频次为 26.6 次/场，中度 TC 极端降水的场均频次为 6.4 次/场，重度 TC 极端降水的场均频次为 3.1 次/场。从变化趋势看，轻度、中度和重度 TC 极端降水的频次均有上升趋势，其中轻度 TC 极端降水的场均频次上升速率为 1.2 次/10a，中度 TC 极端降水的场均频次上升速率为 0.4 次/10a，重度 TC 极端降水的场均频次上升速率为 0.2 次/10a，但只有重度 TC 极端降水的上升趋势通过 95%置信检验。这说明，虽然 TC 总降水在减少，但每场 TC 引起的极端降水频次正在上升，所以 TC 极端降水的频次并

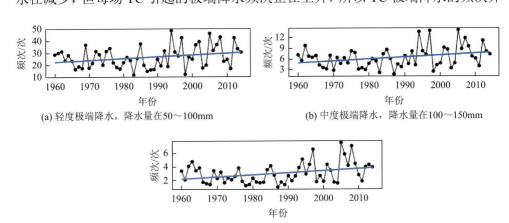

(a) 轻度极端降水，降水量在50～100mm　　　　　　(b) 中度极端降水，降水量在100～150mm

(c) 重度极端降水，降水量≥150mm

图 7-10　平均每个 TC 引起的不同强度 TC 极端降水累积频次的变化趋势

蓝色直线表示 Sen 坡度估计

没有减少，尤其是中度和重度极端降水。这个结果也说明每一次 TC 对中国的影响程度增大，引发的降水强度在增大，极端事件也越来越多，并且降水强度越大的极端降水，其频次的增加趋势越明显。

3. TC 频次季节分布特征

图 7-11 所示为 1960～2014 年生成 TC 数量和影响 TC 数量的逐月分布，由图可知，西太平洋全年均有 TC 生成，但是能在中国引起 TC 极端降水的 TC 只发生在 4～11 月。生成的 TC 数量和引起极端降水的 TC 数量均从 6 月开始急剧增加，8 月达到顶峰，之后又迅速下降。1960～2014 年在中国产生极端降水的 TC 共 754 个，其中发生在 7～9 月的 TC 共 561 个，占总数的 74.4%。对比 TC 极端降水的逐月分布可知，TC 极端降水的季节性分布模式与 TC 的季节性分布模式一致。

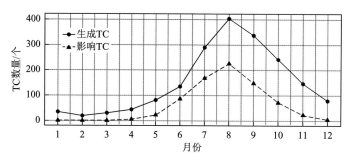

图 7-11　1960～2014 年生成 TC 数量和影响 TC 数量的逐月分布

圆点实线表示生成 TC；三角形虚线表示在中国引起极端降水的 TC

7.3　TC 极端降水的大尺度环流背景

7.3.1　TC 极端降水水汽来源分析

1. 模拟方案介绍

本书运用 HSPLITv4.9 模拟空气粒子向后轨迹。轨迹模拟方案为选取 1960～2014 年 TC 引起的 95%百分位极端降水事件进行模拟。选择 95%百分位降水用作轨迹模拟的原因有二：其一，95%百分位定义极端降水使用相对阈值，这可以考虑到地域差别，中国幅员辽阔，无论是降水量还是降水强度空间分布都不均匀，采用这种方法不至于只分析中国东南地区的强降水而忽略中国北部较为干旱地区的极端降水；其二，可以有更多的极端降水的样本。若使用每年最大 1 天降水作为极端降水，那每个站点每年最多一个 TC 极端事件样本，而百分位极端降水则可以提供更多样本让作者做更为全面准确的分析。模拟的水平分辨率为 1°×1°，

垂直方向上分别选取 500m、1500m 两个高度作为模拟的初始高度，分别代表
925hPa 低空高度和 850hPa 的高度，这些高度上的水汽含量与降水紧密相关。向
后追踪时长为 8 天（192 小时），每 6 小时输出一次轨迹点的位置以及相应的温度、
高度、气压、相对湿度等物理属性。每隔 6 小时输出一条轨迹，再通过分析这些
轨迹来确定水汽的来源和输送路径。计算水汽输送比重的方法参考江志红等[183]
的计算方法：

$$Q_s = \frac{\sum\limits_{1}^{m} q_{last}}{\sum\limits_{1}^{n} q_{last}} \times 100\% \tag{7-1}$$

式中，Q_s 为某一通道水汽贡献率；q_{last} 为通道上最终位置的比湿；m 为通道所包
含的轨迹条数；n 为轨迹总数。

2. 水汽来源和通道分析

1）轨迹聚类数确定

为了确定聚类数 K 的值，作者计算了 K 值与测试对数似然值的关系，如图 7-12
所示。对数似然值随 K 的增加而接近 0 值。根据 Gaffney[184]的研究，当对数似然
值随着 K 的增大而趋于水平不变时的转折点是理想的 K 值，然而本书反复计算也
没有得到理想的趋于不变的转折点 K 值，所以本书选取较为明显的转折点作为 K
值的依据。据此，如图 7-12 所示明显的转折点是 $K = 6$，因此在对比 $K = 6$ 及其他
分组结果的轨迹分布图以及参考已有研究对水汽传输路径数量的认识之后，本
书选择 $K = 6$ 为最终取值，也就是说，本书将 TC 极端降水的水汽运输路径总结
为 6 条不同的路径。

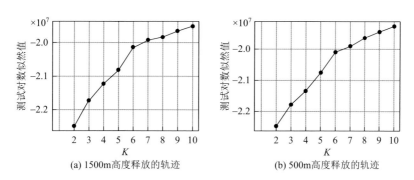

(a) 1500m高度释放的轨迹   (b) 500m高度释放的轨迹

图 7-12   向后轨迹聚类数（K）与测试对数似然值的关系

2）水汽来源和水汽通道

图 7-13 所示为 HYSPLIT 模拟的 1500m（850hPa）高度的空气粒子的模拟轨

迹聚类结果，得到的 6 组轨迹，其中黑色的粗线条表示平均路径。其中，第 5 组
轨迹较短，集中分布在中国东部大陆和东南沿海，说明这一组轨迹代表的水汽
输送路径主要在陆上，其水汽来源主要是陆地蒸发。第 1 组主要分布在中国大
陆东部至 180° 之间，少数延伸至西半球。这一组的轨迹主要输送来自西太平洋
的水汽。第 2 组轨迹由中国南部经南中国海、孟加拉湾延伸至印度洋中部，说
明这一组轨迹输送来自印度洋和孟加拉湾的水汽，输送路径较长，但经过孟加
拉湾这一重要的水汽源区，所以含有充沛的水汽。第 3 组轨迹主要分布在南中
国海地区，轨迹长度较第 2 组来自印度洋和孟加拉湾的轨迹较短。第 4 组轨迹
经过南中国海、印度尼西亚一路延伸到赤道以南的地区，输送路径很长，主要
输送来自跨赤道的水汽。第 6 组轨迹数量很少，只占 8%，水汽含量也只占 7%，
但是分布的区域却最广，20°N 以北，0° 以东至 180° 之间几乎都有轨迹分布。这
一组的轨迹主要也是分布在大陆上，说明这条水汽运输路径主要运输来自高纬
度亚洲大陆的水汽。

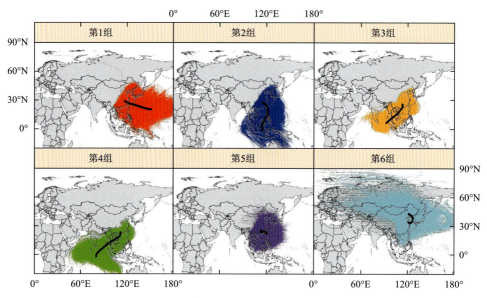

图 7-13　1500m 高度的空气粒子的模拟轨迹聚类结果

其中黑色加粗的轨迹为平均路径，也代表水汽运输路径

图 7-14 所示为对应图 7-13 的 TC 极端降水有关的 1500m 高度上的水汽传输
路径。由图可知，与 TC 极端降水有关的水汽主要来源于：①西太平洋；②孟加拉湾
及印度洋；③南中国海；④跨赤道水汽；⑤中国东部；⑥高纬度亚洲大陆。其中，
南面 3 条水汽输入路径即来自孟加拉湾及印度洋、南中国海和跨赤道水汽的轨迹
占总数的 54%，水汽输入贡献率为 55%，均超过一半，说明南部水汽输入是中国

TC 极端降水的主要来源。除此之外，来自西太平洋的轨迹数量占比及水汽贡献率均为 19%，说明西太平洋也是 TC 极端降水的一个重要水汽源地。除了来自海域的水汽，还有两条路径主要分布在陆地，即来自中国东部地区的第 5 组和高纬度亚洲大陆的第 6 组，其中中国东部地区的轨迹数量占比和水汽贡献率均占总数的 19%，说明中国东部陆地蒸发的水汽也是 TC 极端降水的一个重要水汽来源。另外一支水汽传输路径轨迹数量仅占 8%，输入的水汽贡献率更少，仅 7%，说明来自高纬度亚洲大陆的空气粒子里面的水汽含量较少。

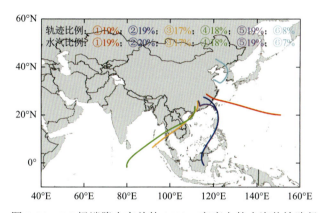

图 7-14　TC 极端降水有关的 1500m 高度上的水汽传输路径

其中，第一行数字代表每组轨迹数量与总轨迹数的比例，第二行数字代表每一条路径对应的水汽传输贡献率

　　图 7-15 和图 7-16 所示为 HYSPLIT 模拟的 500m（925hPa）高度上的空气粒子运动轨迹在通过聚类分析后，得到的 6 条主要水汽运输路径。其分布与 1500m 高度的空气粒子轨迹分布基本相同，但是在 500m 高度的粒子上来自孟加拉湾及印度洋的水汽输入贡献率较 1500m 高度的更高，跨赤道的水汽输入贡献率更少。说明跨赤道路径输入的水汽更多的供给高层水汽。

　　3. 比湿及高度随时间的变化特征

　　如图 7-17 所示为不同高度上 6 组空气粒子向后轨迹的平均比湿和平均高度。其中，横坐标表示轨迹向后追踪的时间，例如，0 表示到达目的地，–192 小时表示轨迹到达目的地之前 8 天的状态。图 7-17（a）表示 1500m 高度上空气粒子向后轨迹的平均比湿，除了第 6 组来自高纬度亚洲大陆的轨迹以外，其余 5 组来自海域或者沿海地区的轨迹的比湿都维持在较高的水平，在 13～17g/kg，然后在到达目的之前的 48 小时之间急剧下降，到达目的地时，水汽含量在 12.5g/kg 左右。其中，第 1、3、5 组来自西太平洋、南中国海和中国东部沿海的空气粒子水汽含量在 –48 小时的时候达到最大值，之后急剧下降。第 4 组来自孟加拉湾及印度洋

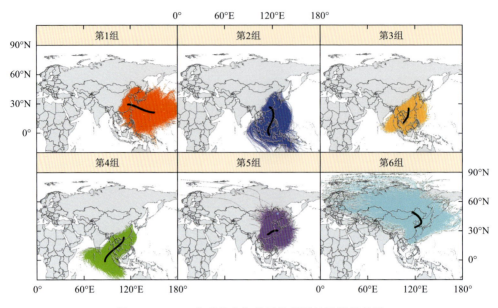

图 7-15　500m 高度的空气粒子的模拟轨迹聚类结果

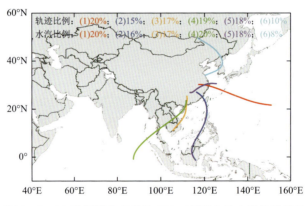

图 7-16　TC 极端降水有关的 500m 高度上的水汽传输路径

的空气粒子比湿在–96 小时的时候达到最大值，第 3 组轨迹的比湿在–144 小时的时候达到最大值，之后一直下降。而第 6 组轨迹的比湿一直低于 12.5k/kg，直至–48 小时的时候达到最大值，之后急剧下降至 10g/kg 左右。在到达目的地之前，跨赤道路径的水汽输送过程中水汽保持得最好，比湿最大；其次是西太平洋的和输送路程最短的中国东部沿海。来自南中国海的空气粒子一开始水汽含量很高，接近 17g/kg，但是在输送过程中损失导致其在到达目的地 48 小时之前下降至 15g/kg。

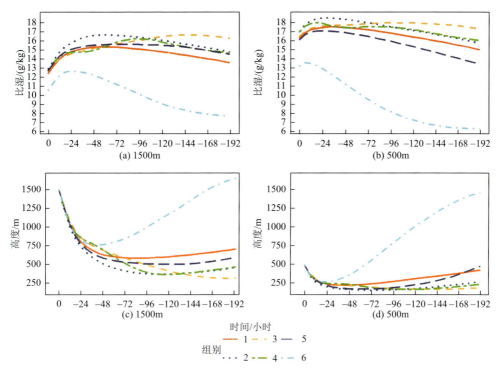

图 7-17　不同高度上 6 组空气粒子向后轨迹的平均比湿和平均高度

其中，（a）、（c）分别为 1500m 高度的比湿、高度，（c）、（d）分别为 500m 高度的比湿、高度

从图 7-17（c）1500m 高度上空气粒子向后轨迹的平均高度看出，除了第 6 组来自高纬度亚洲大陆的轨迹以外，其余五组轨迹在–48 小时以前一直维持在较低的高度，不超过 750m，然而在–48 小时之后，空气粒子迅速上升，在到达目的地时达到 1500m 的高度。说明这些空气粒子在到达目的地之前都含有大量的水汽并处在低空，之后在到达目的地之前 48 小时以内迅速上升，同时伴有大量水汽凝结导致比湿迅速降低。第 6 组来自高纬度亚洲大陆的轨迹高度从高于 1500m 的高度开始下降，在–48 小时的时候下降到最低 750m 的高度，之后急剧上升到 1500m，这说明第 6 组轨迹的空气粒子在运输路径上不断获取水汽，降低高度，然后在到达目的地之前又急剧上升，损失水汽，这说明第 6 条水汽运输通道中的水汽来自于陆地蒸发。

图 7-17（b）和（d）为 500m 高度释放的空气粒子比湿和高度变化。除了第 6 组以外，其他五组的比湿都维持在较高的水平，在 15～19g/kg，与 1500m 高度释放的空气粒子不同的是，500m 高度的空气粒子在到达目的地之前 24 小时达到最高值，之后呈下降趋势，到达目的地时仍具有较高的水汽含量在 16g/kg 左右。在到达目的地之前，第 2 组跨赤道的水汽运输路径的比湿最高，其次是孟加拉湾

及印度洋、南中国海和西太平洋。与 1500m 高度的水汽输送不同，南中国海的水汽输送到 500m 高度的途径中的水汽损失不明显。而第 6 组的空气粒子轨迹的比湿在–24 小时的时候达到最高值约 14g/kg，之后呈下降趋势。从高度上看，除第 6 组以外的其他 5 组轨迹的空气粒子均维持在 250m 左右较低的高度，然后在到达目的地之前的 24 小时以内迅速上升到 500m。而第 6 组轨迹的空气粒子先从 1500m 高度下降到 250m 左右，而后在 24 小时之内急剧上升到 500m。对比 1500m（简称 1500m 组）和 500m（简称 500m 组）高度空气粒子轨迹的比湿和高度变化，在到达目的地时低层（500m）空气粒子的比湿比明显比高层（1500m）的要高，1500m 组的空气粒子在–48 小时时比湿开始下降，高度开始上升，而 500m 组的空气粒子在–24 小时时比湿开始下降，高度开始上升，低层空气粒子比高层空气粒子的水汽更迟下降，高度更迟上升，这可能是由于在 TC 极端降水前水汽汇入较高层（850hPa 以上）用于维持 TC 强度，而在暴雨开始时低层汇入的水汽则形成降水。

4. 水汽输送的季节性特征

为了研究与 TC 极端降水有关的水汽来源的季节性变化，作者统计了每一组轨迹代表的空气粒子到达目的地时携带的水汽含量。如图 7-18 所示，第 1 组来自西太平洋的轨迹、第 2 组跨赤道轨迹和第 5 组来自中国东部的轨迹中，8 月的水汽输送最多，并且远远高于其他月份的水汽输送量。说明来自西北太平洋、跨赤道和中国东部的水汽输入在 8 月最为强盛，其次是 7 月、9 月两个月份。其中，第 1 组来自西北太平洋的水汽供给周期最长，也是 4 月和 11 月 TC 极端降水的主要水汽来源。而第 3 组来自南中国海和第 4 组来自孟加拉湾及印度洋的轨迹在 7 月、8 月的水汽输入量相近，同时远远高于其他月份的水汽输送量，说明来自孟加拉湾及印度洋和南中国海的水汽主要供给月份为 7 月、8 月两个月份。这两个水汽输送路径相似，水汽输送量与季节分布也相似。第 6 组轨迹的水汽输送贡献率本身就很低，各月水汽输送都不多，但是可以看出 8～10 月的水汽输送高于 5～7 月的水汽输送，说明第 6 组来自亚洲大陆的运输通道主要给台风季节后期的极端降水输送水汽。

图 7-19 为 500m 各组轨迹水汽含量的季节分布。第 1 组来自西太平洋和第 5 组来自中国东部的轨迹在 8 月输送的水汽远高于其他月份的输送量。可以看出，第 2 组跨赤道的水汽分布同样是 8 月最多，7 月和 9 月其次，但是差别不似第 1 组和第 5 组那么大。第 3 组和第 4 组轨迹 7 月、8 月两个月份输送的水汽量相近，远高于 6 月、9 月。第 6 组来自高纬度亚洲大陆的水汽输送量远低于其他 5 组的水汽输送量，很明显，8～10 月的水汽输送量远大于 4～7 月的输送量，再次说明这一组来自大陆的运输通道主要给 TC 季节后期的极端降水输送水汽。

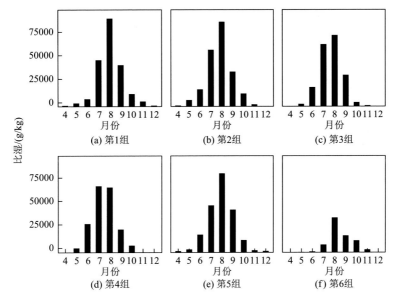

图 7-18　1500m 各组轨迹水汽含量的季节分布

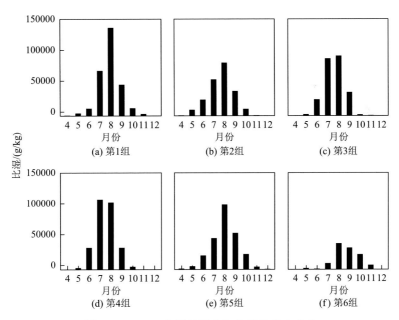

图 7-19　500m 各组轨迹水汽含量的季节分布

对比 1500m 组和 500m 组的水汽输送量的季节分布，可以发现两个高度的所有组别的水汽输送量主要集中在 7～9 月 3 个月内，这与 TC 极端降水的盛期一致；两个高度上各组轨迹比湿的季节分布模式基本相近，但是 500m 组的各组各月份轨迹的比湿远高于 1500m 组的相应的比湿，说明低层空气湿度远高于高层空气湿度，这形成了极端降水发生的条件。

7.3.2 TC 极端降水与 ENSO 的关系

1. ENSO 对 TC 极端降水概率的影响

图 7-20 所示为 Niño-3.4 指数 6～10 月的均值，本书定义 Niño-3.4 指数平均值≥0.5（≤-0.5）的年份为 El Niño（La Niña，拉尼娜）年。所以选取 1963 年、1965 年、1969 年、1972 年、1982 年、1987 年、1991 年、1997 年、2002 年、2004 年、2009 年为 El Niño 年，1964 年、1970 年、1971 年、1973 年、1975 年、1988 年、1999 年、2000 年、2007 年、2010 年为 La Niña 年。

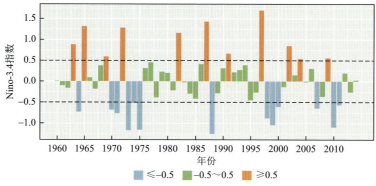

图 7-20　Niño-3.4 指数 6～10 月的均值

其中蓝色代表 La Niña 年，红色代表 El Niño 年，绿色为中性年份

为了研究 TC 极端降水与 ENSO 的联系，引入广义线性模型中的 Logistic 回归模型和 Poisson 回归模型来诊断 TC 极端降水事件概率与 ENSO 的联系。由于 Poisson 分布适于描述固定时间内某事件的发生次数，而 95%百分位 TC 极端降水序列即为每年（固定时间）TC 极端降水的日数（事件发生次数），所以在 Poisson 回归模型中使用百分位法定义 TC 极端降水；而 Logistic 回归模型对应的分布类型为二项分布，所以使用每年最大 1 天降水定义极端降水，若某一年最大 1 天降水为 TC 引起的，则记为 "1"；若不是，则记为 "0"，以此来建立回归模型。而以上两种模型的预测指标均为 Niño-3.4 在 TC 季节（6～10 月）的平均值。

图 7-21 为 TC 引起的每年最大 1 天降水和 95%百分位降水与 ENSO 的关系。图 7-21（a）为用 Logistic 回归分析的 TC 引起的每年最大 1 天降水与 ENSO 的关系，中国东南部地区的系数 β_1 的估计值为负值，表示该地区在 La Niña 年内 TC

引发每年最大 1 天降水的概率更高。而东北地区为正值，表示中国东北地区在 El Niño 年 TC 引发每年最大 1 天降水的可能性更大。图 7-21（b）为用 Poisson 回归分析的 TC 引起的 95%百分位降水与 ENSO 的关系，其系数 β_1 的估计值分布与图 7-21（a）相似，但是结果更为显著。这个结果可能与不同 ENSO 时期 TC 路径的差异有关。

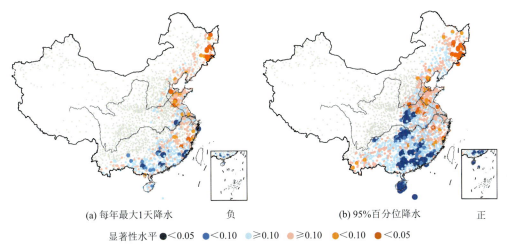

(a) 每年最大1天降水　　　　　　负　　　　　(b) 95%百分位降水　　　　　　正

显著性水平 ●<0.05　●<0.10　●≥0.10　●≥0.10　●<0.10　●<0.05

图 7-21　TC 引起的每年最大 1 天降水和 95%百分位降水与 ENSO 的关系

每个圆点表示给予 Logistic（Poisson）回归系数 β_1 的估计值；负值（蓝色圆点）表示在 La Niña 年内 TC 引发的每年最大 1 天降水（95%百分位降水）的可能性更大，正值（红色圆点）表示 El Niño 年内 TC 引发的每年最大 1 天降水（95%百分位降水）的可能性更大。圆点的大小代表统计显著性，颜色越深、圆点尺寸越大表示显著性水平越高。为确保结果准确型，只考虑了 1960～2014 年 TC 引起的每年最大 1 天降水，少于 5 年的站点没有显示。ENSO 水平由 TC 季节（6～10 月）的 Niño-3.4 指数的平均值计算

2. 大尺度环流背景分析

为了进一步研究其原因，将 El Niño 年 6～10 月的 TC 通过频率减去 La Niña 年 TC 通过频率，得到的结果如图 7-22 所示。El Niño 年份 TC 路径偏向东部和北部，更多 TC 路径向东北弯曲；而 La Niña 年份 TC 路径明显偏向西南部地区，更多 TC 路径向西直线移动。这与上面的结果即 El Niño 年份长江下游以北的地区发生 TC 极端降水概率更大，而 La Niña 年份长江下游以南的地区发生极端降水的概率更大的结果相符合。根据 Chan 等的研究，TC 生成的一个必要的条件就是较高的海表温度，在 La Niña 年份的时候西太平洋的海表温度较中性年份和 El Niño 年份的高，所以在 La Niña 年份 TC 生成的概率更大，即会有更多的 TC 生成；而在 El Niño 年的时候，西太平洋暖池（warm poor）的位置东移，导致 TC 生成的位置随之东移[185-188]。除此之外，Zhang 等[189]的研究全面分析了不同 ENSO 年份下 SST、低层涡度、高层散度和风速的变化，结果发现在 El Niño 年份的时候，赤道东太

平洋 SST 较 La Niña 年份高，这导致西北太平洋的 TC 生成位置向东偏移。一般来讲，较大的低层涡度也有利于 TC 的初步成型，而 El Niño 年份赤道中、东太平洋 1000hPa 高度上的涡度较 La Niña 年份大，在高层（250hPa）的散度也较 La Niña 年份大，而这些都是有利于 TC 生成。总结以上分析，在 El Niño 年份赤道中、东太平洋的 SST 较高，低层涡度和高层散度更大，这些因素共同导致 TC 生成平均位置的向东偏移。

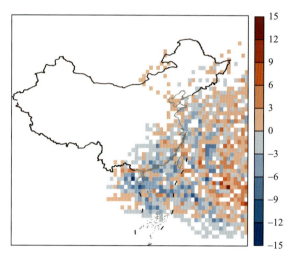

图 7-22　El Niño 年份的 TC 通过频率减去 La Niña 年 TC 通过频率

7.4　本　章　小　结

西太平洋上生成的 TC 平均每年有 7～8 个在中国登陆，这些 TC 登陆的同时往往伴随着极端降水，严重危害社会经济发展和人身安全。为此，本章首先分析了 TC 对中国极端降水的贡献率及其与海岸距离的关系，其次全面分析了不同强度的 TC 极端降水的时空分布特征，最后从大尺度环流的角度研究了与 TC 极端降水有关的水汽来源以及 TC 极端降水与 ENSO 之间的联系，现将本章内容总结为以下 4 点。

（1）TC 对中国极端降水有着重要的影响，就每年最大 1 天降水和 95%百分位极端降水来说，海南岛、广东和福建的沿海地区 60%以上的极端降水均来自于 TC 降水，而广西、广东、福建和浙江的 TC 极端降水贡献率也可达到 40%以上。TC 对极端降水的贡献率与内陆距海岸线的距离密切相关：在距离海岸线 250km 以内的区域，TC 对极端降水的贡献率较大，并且随距离增大贡献率迅速下降；在超过 250km 的地区，TC 的影响程度较小，随距离增大贡献率缓慢下降，但影响范围依旧很广，可以深入到 500km 以外的内陆地区。

（2）TC 极端降水频率分布呈东南—西北递减的模式，TC 极端降水的影响范围很广，云南、贵州、山西、河北及东北一线以东的地区均发生过降水强度超过 50mm/d 的 TC 降水。1960~2014 年，不同强度的 TC 极端降水频率呈现出不同的变化趋势：轻度 TC 极端降水呈下降趋势，中度 TC 极端降水变化趋势不明显，而重度 TC 极端降水呈现出上升趋势。其中，轻度 TC 极端降水和 TC 总降水量的下降趋势是 1960~2014 年影响中国的 TC 数量显著减少引起的，而重度 TC 极端降水呈现出上升趋势是平均每个 TC 引起的重度极端降水天数增多，也就是说 TC 降水强度的增强引起的。

（3）与 TC 极端降水有关的水汽来源主要有 6 个：西太平洋、跨赤道水汽、南中国海、孟加拉湾及印度洋、中国东部和高纬度亚洲大陆，除了高纬度亚洲大陆的水汽贡献率较低，为 7% 以外，其他 5 个水汽来源的水汽贡献率均在 17%~20%。从轨迹追踪的结果看，1500m 高度上的粒子和 500m 高度上的粒子均持比较高的比湿，在 13~19g/kg，这样高的水汽含量满足了极端降水发生的水汽条件。分析空气粒子比湿和高度随向后追踪时间的变化规律，结果表示：除来自高纬度亚洲大陆的轨迹以外，来源于其余 5 个地区的轨迹的比湿在到达目的地之前均保持较高的值，在 13~17g/kg（500m 组为 15~19g/kg），并且维持 750m（500m 组为 250m）左右的较低的高度，之后在到达目的地之前的 48 小时以内（500m 组为 24 小时以内），比湿迅速下降，高度迅速上升，这些均为明显的强降水特征。而来自高纬度亚洲大陆的轨迹，一开始以较低的比湿在较高的高度上，随后在南下的过程中不断获取水汽，降低高度，直到到达目的地之前高度上升，并伴随着比湿下降。

（4）中国东南地区在 La Niña 年发生 TC 极端降水的概率更高，而长江以北地区在 El Niño 年发生 TC 极端降水的概率更高。究其原因，是 El Niño 年暖池位置东移，赤道中、东太平洋的 SST 较高、低层涡度和高层散度更大，这些会导致 TC 的平均生成位置和路径向东偏移，且 El Niño 年 TC 路径向东北弯折到达高纬度地区，导致长江以北地区 TC 极端降水事件的概率增高。而在 La Niña 年，西太平洋气温较其他年份高，导致更多的 TC 生成，但其路径更趋向于向西伸进，导致 La Niña 年中国东南地区的 TC 极端降水事件的概率增高。

参 考 文 献

[1]   Bintanja R，Oldenborgh G J V，Drijfhout S S，et al. Important role for ocean warming and increased ice-shelf melt in Antarctic sea-ice expansion[J]. Nature Geoscience，2013，6（5）：376-379.

[2]   King A D，Harrington L J. The inequality of climate change from 1.5 to 2℃ of global warming[J]. Geophysical Research Letters，2018，45（10）：5030-5033.

[3]   Piao S，Ciais P，Huang Y，et al. The impacts of climate change on water resources and agriculture in China[J]. Nature，2010，467（7311）：43-51.

[4]   Zhou G，Wei X，Chen X，et al. Global pattern for the effect of climate and land cover on water yield[J]. Nature Communications，2015，6（1）：5918.

[5]   Trenberth K E，Dai A，Rasmussen R M，et al. The changing character of precipitation[J]. Bulletin of the American Meteorological Society，2003，84（9）：1205-1218.

[6]   Turner A G，Annamalai H. Climate change and the South Asian monsoon[J]. Nature Climate Change，2012，2（8）：587-595.

[7]   Berghuijs W R，Woods R A，Hrachowitz M. A precipitation shift from snow towards rain leads to a decrease in streamflow[J]. Nature Climate Change，2014，4（7）：583-586.

[8]   Wu C，Hu B X，Huang G，et al. Effects of climate and terrestrial storage on temporal variability of actual evapotranspiration[J]. Journal of Hydrology，2017，549：388-403.

[9]   Liu J，Zhang Q，Zhang Y，et al. Deducing climatic elasticity to assess projected climate change impacts on streamflow change across China[J]. Journal of Geophysical Research：Atmospheres，2017，122（19）：10197-10214.

[10] Grant P R. Evolution，climate change，and extreme events[J]. Science，2017，357（6350）：451-452.

[11] Luo M，Lau N C. Heat waves in southern China：Synoptic behavior，long-term change and urbanization effects[J]. Journal of Climate，2016，30（2）：703-720.

[12] 夏军，石卫. 变化环境下中国水安全问题研究与展望[J]. 水利学报，2016，47（3）：292-301.

[13] 任国玉，柳艳菊，孙秀宝，等. 中国大陆降水时空变异规律：I气候学特征[J]. 水科学进展，2015，26（3）：299-310.

[14] Ma S，Zhou T，Dai A，et al. Observed changes in the distributions of daily precipitation frequency and amount over China from 1960 to 2013[J]. Journal of Climate，2015，28（17）：6960-6978.

[15] Sun Q，Miao C，Duan Q. Changes in the spatial heterogeneity and annual distribution of observed precipitation across China[J]. Journal of Climate，2017，30（23）：9399-9416.

[16] Waliser D，Guan B. Extreme winds and precipitation during landfall of atmospheric rivers[J]. Nature Geoscience，2017，10（3）：179-183.

[17] Li H，Chen H，Wang H. Changes in clustered extreme precipitation events in South China and associated atmospheric circulations[J]. International Journal of Climatology，2016，36（9）：3226-3236.

[18] Fereday D，Chadwick R，Knight J，et al. Atmospheric dynamics is the largest source of uncertainty in future winter European rainfall[J]. Journal of Climate，2018，31（3）：963-977.

[19] Okumura Y M，Dinezio P，Deser C. Evolving impacts of multiyear La Niña events on atmospheric circulation and U.S. drought[J]. Geophysical Research Letters，2017，44（22）：11614-11623.

[20] Ummenhofer C C，Seo H，Kwon Y H，et al. Emerging European winter precipitation pattern linked to atmospheric circulation changes over the North Atlantic region in recent decades[J]. Geophysical Research Letters，2017，44（16）：8557-8566.

[21] Twardosz R，Niedzwiedz T，Lupikasza E. The influence of atmospheric circulation on the type of precipitation（Kraków，southern Poland）[J]. Theoretical and Applied Climatology，2011，104（1-2）：233-250.

[22] Zhu Y，Wang H，Zhou W，et al. Recent changes in the summer precipitation pattern in East China and the background circulation[J]. Climate Dynamics，2011，36（7-8）：1463-1473.

[23] Zhang Q，Zheng Y，Singh V P，et al. Summer extreme precipitation in eastern China: Mechanisms and impacts[J]. Journal of Geophysical Research: Atmospheres，2017，122（5）：2766-2778.

[24] Ding Y，Wang Z，Sun Y. Inter-decadal variation of the summer precipitation in East China and its association with decreasing Asian summer monsoon. Part I：Observed evidences[J]. International Journal of Climatology，2008，28（9）：1139-1161.

[25] Lin Z，Wang B. Northern East Asian low and its impact on the interannual variation of East Asian summer rainfall[J]. Climate Dynamics，2016，46（1-2）：83-97.

[26] Ding Y，Sun Y，Wang Z，et al. Inter-decadal variation of the summer precipitation in China and its association with decreasing Asian summer monsoon Part II: Possible causes[J]. International Journal of Climatology，2009，29（13）：1926-1944.

[27] 姚秋蕙，韩梦瑶，刘卫东. "一带一路"沿线地区隐含碳流动研究[J]. 地理学报，2018，73（11）：2210-2222.

[28] 崔鹏. "一带一路"自然灾害风险与综合减灾国际研究计划[J]. 中国科学院院刊，2017，32（Z2）：26-28.

[29] Xiao M，Zhang Q，Singh V P. Influences of ENSO，NAO，IOD and PDO on seasonal precipitation regimes in the Yangtze River basin，China[J]. International Journal of Climatology，2015，35（12）：3556-3567.

[30] Ren X，Yang X Q，Sun X. Zonal oscillation of Western Pacific Subtropical High and subseasonal SST variations during Yangtze persistent heavy rainfall events[J]. Journal of Climate，2013，26（22）：8929-8946.

[31] Li X，Jiang F，Li L，et al. Spatial and temporal variability of precipitation concentration index，concentration degree and concentration period Xinjiang，China[J]. International Journal of Climatology，2011，31（11）：1679-1693.

[32] 王莉萍，王维国，张建忠. 我国主要流域降水过程时空分布特征分析[J]. 自然灾害学报，2018，27（2）：161-173.

[33] Xu K，John D M，Xu H. Temporal trend of precipitation and runoff in major Chinese Rivers since 1951[J]. Global and Planetary Change，2010，73（3-4）：219-232.

[34] Li J，Zhang Q，Chen Y D，et al. Future joint probability behaviors of precipitation extremes across China：Spatiotemporal patterns and implications for flood and drought hazards[J]. Global and Planetary Change，2015，124：107-122.

[35] She D，Xia J，Zhang Y. Spatiotemporal variation and statistical characteristic of extreme precipitation in the middle reaches of the Yellow River Basin during 1960-2013[J]. Theoretical and Applied Climatology，2018，15：1-18.

[36] Zhang Q，Singh V P，Peng J，et al. Spatial-temporal changes of precipitation structure across the Pearl River basin，China[J]. Journal of Hydrology，2012，440：113-122.

[37] Zhang Q，Zheng Y，Singh V P，et al. Entropy-based spatiotemporal patterns of precipitation regimes in the Huai River basin，China[J]. International Journal of Climatology，2016，36（5）：2335-2344.

[38] Xiao M，Zhang Q，Singh V P，et al. Probabilistic forecasting of seasonal drought behaviors in the Huai River basin，China[J]. Theoretical and Applied Climatology，2017，128（3-4）：667-677.

[39] Feng S，Hu Q，Huang W，et al. Projected climate regime shift under future global warming from multi-model，multi-scenario CMIP5 simulations[J]. Global and Planetary Change，2014，112：41-52.

[40] Wang L，Li T. Convectively coupled Kelvin waves in CMIP5 coupled climate models[J]. Climate Dynamics，2017，48（3-4）：767-781.

[41] Chao H，Zhou T. The two interannual variability modes of the Western North Pacific Subtropical High simulated by 28 CMIP5-AMIP models[J]. Climate Dynamics，2014，43（9-10）：2455-2469.

[42] Zhao D, Wu J. Changes in urban-related precipitation in the summer over three city clusters in China[J]. Theoretical and Applied Climatology, 2018, 134 (1): 83-93.

[43] Soares P M M, Cardoso R M, Lima D C A, et al. Future precipitation in Portugal: High-resolution projections using WRF model and EURO-CORDEX multi-model ensembles[J]. Climate Dynamics, 2017, 49 (7-8): 2503-2530.

[44] Wu S, Sun J. Variability in zonal location of winter East Asian jet stream[J]. International Journal of Climatology, 2016, 37 (10): 3753-3766.

[45] Marshall A G, Hendon H H, Son S W, et al. Impact of the quasi-biennial oscillation on predictability of the Madden-Julian oscillation[J]. Climate Dynamics, 2016, 49: 1-13.

[46] Wu X, Wang Z, Zhou X, et al. Observed changes in precipitation extremes across 11 basins in China during 1961~2013[J]. International Journal of Climatology, 2016, 36 (8): 2866-2885.

[47] Chen X, Ling J, Ling C. Evolution of the Madden-Julian oscillation in two types of El Niño[J]. Journal of Climate, 2016, 29 (5): 1919-1934.

[48] 刘芸芸, 丁一汇. 西北太平洋夏季风对中国长江流域夏季降水的影响[J]. 大气科学, 2009, 6: 1225-1237.

[49] 冶运涛, 梁犁丽, 龚家国, 等. 长江上游流域降水结构时空演变特性[J]. 水科学进展, 2014, 2: 164-171.

[50] Jiang T, Kundzewicz Z W, Su B. Changes in monthly precipitation and flood hazard in the Yangtze River Basin, China[J]. International Journal of Climatology, 2010, 28 (11): 1471-1481.

[51] Zhang Q, Peng J, Xu C Y, et al. Spatiotemporal variations of precipitation regimes across Yangtze River Basin, China[J]. Theoretical and Applied Climatology, 2014, 115 (3-4): 703-712.

[52] Zhang Y, Shao Q, Xia J, et al. Changes of flow regimes and precipitation in Huai River Basin in the last half century[J]. Hydrological Processes, 2011, 25 (2): 246-257.

[53] Wang Y, Zhang Q, Singh V P. Spatiotemporal patterns of precipitation regimes in the Huai River basin, China, and possible relations with ENSO events[J]. Natural Hazards, 2016, 82 (3): 2167-2185.

[54] 黄星, 马龙, 刘廷玺, 等. 黄河流域内蒙古段1951~2012年气温、降水变化及其关系[J]. 自然资源学报, 2016, 6: 1027-1040.

[55] Zhang Q, Peng J, Singh V P, et al. Spatio-temporal variations of precipitation in arid and semiarid regions of China: The Yellow River basin as a case study[J]. Global and Planetary Change, 2014, 114: 38-49.

[56] 徐宗学, 张楠. 黄河流域近50年降水变化趋势分析[J]. 地理研究, 2006, 1: 27-34.

[57] Shi F, Hao Z, Shao Q. The analysis of water vapor budget and its future change in the Yellow-Huai-Hai region of China[J]. Journal of Geophysical Research: Atmospheres, 2015, 119 (18): 10702-10719.

[58] 顾西辉，张强，刘剑宇，等. 变化环境下珠江流域洪水频率变化特征、成因及影响（1951～2010 年）[J]. 湖泊科学，2014，5：661-670.

[59] Zhang Q，Singh V P，Li K，et al. Trend，periodicity and abrupt change in streamflow of the East River，the Pearl River basin[J]. Hydrological Processes，2014，28（2）：305-314.

[60] 陆文秀，刘丙军，陈俊凡，等. 近 50a 来珠江流域降水变化趋势分析[J]. 自然资源学报，2014，29（1）：80-90.

[61] Zhang Q，Xiao M，Singh V P，et al. Observational evidence of summer precipitation deficit-temperature coupling in China[J]. Journal of Geophysical Research：Atmospheres，2015，120（19）：10040-10049.

[62] Li J，Zhang Q，Chen Y D，et al. Changing spatiotemporal patterns of precipitation extremes in China during 2071～2100 based on Earth system models[J]. Journal of Geophysical Research：Atmospheres，2013，118（22）：12537-12555.

[63] Zhang Q，Li J，Singh V P，et al. Spatio-temporal relations between temperature and precipitation regimes：implications for temperature-induced changes in the hydrological cycle[J]. Global and Planetary Change，2013，111（4）：57-76.

[64] Zhang Q，Wang Y，Singh V P，et al. Impacts of ENSO and ENSO Modoki + A regimes on seasonal precipitation variations and possible underlying causes in the Huai River basin，China[J]. Journal of Hydrology，2016，533：308-319.

[65] Wang H，He S. The north China/northeastern Asia severe summer drought in 2014[J]. Journal of Climate，2015，28（17）：6667-6681.

[66] Meng W，Wang Y. A diagnostic study on heavy rainfall induced by Typhoon Utor（2013）in South China. Part I：Rainfall asymmetry at landfall[J]. Journal of Geophysical Research：Atmospheres，2016，121（21）：12781-12802.

[67] Luo M，Leung Y，Graf H F，et al. Interannual variability of the onset of the South China Sea summer monsoon[J]. International Journal of Climatology，2016，36（2）：550-562.

[68] Luo M，Lin L. Objective determination of the onset and withdrawal of the South China Sea summer monsoon：Objective determination of monsoon onset and withdrawal[J]. Atmospheric Science Letters，2017，18（6）：276-282.

[69] Zhang Z，Tao H，Zhang Q，et al. Moisture budget variations in the Yangtze River Basin，China，and possible associations with large-scale circulation[J]. Stochastic Environmental Research and Risk Assessment，2010，24（5）：579-589.

[70] Zhang Q，Xu C Y，Chen X，et al. Statistical behaviours of precipitation regimes in China and their links with atmospheric circulation 1960～2005[J]. International Journal of Climatology，2011，31（11）：1665-1678.

[71] Wang F，Yang S，Higgins W，et al. Long-term changes in total and extreme precipitation over

China and the United States and their links to oceanic-atmospheric features[J]. International Journal of Climatology，2014，34（2）：286-302.

[72] Li M，Ma Z. Decadal changes in summer precipitation over arid northwest China and associated atmospheric circulations[J]. International Journal of Climatology，2018，38（12）：4496-4508.

[73] 王朋岭，王启祎，王东阡，等. 2012 年 4 月华南地区降水异常事件及成因诊断分析[J]. 地理科学，2015，35（3）：352-357.

[74] Chen J，Wen Z，Wu R，et al. Interdecadal changes in the relationship between Southern China winter-spring precipitation and ENSO[J]. Climate Dynamics，2014，43（5-6）：1327-1338.

[75] 尚程鹏，章新平，孙葭，等. 洞庭湖流域冬季降水的时空变化及与全球海温的关系[J]. 自然资源学报，2018，33（11）：1953-1965.

[76] Yao Y，Lin H，Wu Q. Subseasonal variability of precipitation in China during boreal winter[J]. Journal of Climate，2015，28（16）：6548-6559.

[77] Chen W，Feng J，Wu R. Roles of ENSO and PDO in the link of the East Asian Winter Monsoon to the following Summer Monsoon[J]. Journal of Climate，2013，26（2）：622-635.

[78] Wang L，Chen W，Huang R. Interdecadal modulation of PDO on the impact of ENSO on the east Asian winter monsoon[J]. Geophysical Research Letters，2008，35（20）：L20702.

[79] Zhou T J，Yu R C. Atmospheric water vapor transport associated with typical anomalous summer rainfall patterns in China[J]. Journal of Geophysical Research：Atmospheres，2005，110（D8）：D08104.

[80] Zhang Q，Singh V P，Sun P，et al. Precipitation and streamflow changes in China：Changing patterns，causes and implications[J]. Journal of Hydrology，2011，410（3-4）：204-216.

[81] Lee E J，Yeh S W，Jhun J G，et al. Seasonal change in anomalous WNPSH associated with the strong East Asian summer monsoon[J]. Geophysical Research Letters，2006，33（21）：L21702.

[82] Huang Y，Wang H，Fan K，et al. The western Pacific subtropical high after the 1970s：Westward or eastward shift?[J]. Climate Dynamics，2015，44（7-8）：2035-2047.

[83] Wang H，Chen H. Climate control for southeastern China moisture and precipitation：Indian or East Asian monsoon?[J]. Journal of Geophysical Research：Atmospheres，2012，117（D12）：D12109.

[84] He C，Zhou T，Zou L，et al. Two interannual variability modes of the Northwestern Pacific Subtropical Anticyclone in boreal summer[J]. Science China Earth Sciences，2013，56（7）：1254-1265.

[85] Li W，Li L，Ting M，et al. Intensification of Northern Hemisphere subtropical highs in a warming climate[J]. Nature Geoscience，2012，5（11）：830-834.

[86] He C，Zhou T，Lin A，et al. Enhanced or weakened Western North Pacific Subtropical High under global warming?[J]. Scientific Reports，2015，5（1）：16771.

[87] Emanuel K. Tropical cyclones[J]. Annual Review of Earth and Planetary Sciences，2003，31（1）：75-104.

[88] Chan J C L. Prediction of annual tropical cyclone activity over the western North Pacific and the South China Sea[J]. International Journal of Climatology，2010，15（9）：1011-1019.

[89] Ling Z，Wang G，Wang C. Out-of-phase relationship between tropical cyclones generated locally in the South China Sea and non-locally from the Northwest Pacific Ocean[J]. Climate Dynamics，2015，5（3-4）：1129-1136.

[90] Hong C C，Lee M Y，Hsu H H，et al. Tropical SST forcing on the anomalous WNP subtropical high during July-August 2010 and the record-high SST in the tropical Atlantic[J]. Climate Dynamics，2015，45（3-4）：633-650.

[91] Zhu J，Huang D Q，Dai Y，et al. Recent heterogeneous warming and the associated summer precipitation over eastern China[J]. Theoretical and Applied Climatology，2016，123（3-4）：619-627.

[92] Lu R，Li Y，Ryu C S. Relationship between the zonal displacement of the western Pacific subtropical high and the dominant modes of low-tropospheric circulation in summer[J]. Progress in Natural Science：Materials International，2008，18（2）：161-165.

[93] Yang H，Sun S. The characteristics of longitudinal movement of the subtropical high in the western Pacific in the pre-rainy season in South China[J]. Advances in Atmospheric Sciences，2005，22（3）：392-400.

[94] Zhang Q，Singh V P，Li J，et al. Analysis of the periods of maximum consecutive wet days in China[J]. Journal of Geophysical Research：Atmospheres，2011，116（D23）：D23106.

[95] Wang Y，Xu Y，Lei C，et al. Spatio-temporal characteristics of precipitation and dryness/wetness in Yangtze River Delta，eastern China，during 1960～2012[J]. Atmospheric Research，2018，172-173：196-205.

[96] Zhou L T，Wu R. Respective impacts of the East Asian winter monsoon and ENSO on winter rainfall in China[J]. Journal of Geophysical Research：Atmospheres，2010，115（D2）：D02107.

[97] Ma T，Chen W，Feng J，et al. Modulation effects of the East Asian winter monsoon on El Niño-related rainfall anomalies in southeastern China[J]. Scientific Reports，2018，8：14107.

[98] Jia X，Ge J. Interdecadal changes in the relationship between ENSO，EAWM and the wintertime precipitation over China at the end of the 20 th century[J]. Journal of Climate，2017，30（6）：1923-1937.

[99] Huang D，Dai A，Jian Z，et al. Recent winter precipitation changes over eastern China in different warming periods and the associated East Asian Jets and oceanic conditions[J]. Journal of Climate，2017，30（12）：4443-4462.

[100] Madden R A，Julian P R. Observations of the 40-50-day tropical oscillation—A review[J].

Monthly Weather Review，1994，122（5）：814-837.

[101] Madden R A，Julian P R. Detection of a 40~50 day oscillation in the zonal wind in the tropical Pacific[J]. Journal of the Atmospheric Sciences，1971，28（5）：702-708.

[102] Zhang L，Wang B，Zeng Q. Impact of the Madden-Julian Oscillation on summer rainfall in Southeast China[J]. Journal of Climate，2009，22（2）：201-216.

[103] Zhang C. Madden-Julian Oscillation[J]. Reviews of Geophysics，2005，43（2）：3.

[104] Christophe C. Intraseasonal interaction between the Madden-Julian Oscillation and the North Atlantic Oscillation[J]. Nature，2008，455（7212）：523-527.

[105] Jeong J H，Kim B M，Ho C H，et al. Systematic variation in wintertime precipitation in East Asia by MJO-induced extratropical vertical motion[J]. Journal of Climate，2008，21（21）：788-801.

[106] Xavier P，Rahmat R，Cheong W K，et al. Influence of Madden-Julian Oscillation on Southeast Asia rainfall extremes：Observations and predictability[J]. Geophysical Research Letters，2014，41（12）：4406-4412.

[107] Lim S Y，Marzin C，Xavier P，et al. Impacts of boreal winter monsoon cold surges and the interaction with MJO on southeast Asia rainfall[J]. Journal of Climate，2017，30（11）：4267-4281.

[108] Wang J，Wen Z，Wu R，et al. The impact of tropical intraseasonal oscillation on the summer rainfall increase over southern China around 1992/1993[J]. Climate Dynamics，2017，49（5-6）：1-17.

[109] Pai D S，Bhate J，Sreejith O P，et al. Impact of MJO on the intraseasonal variation of summer monsoon rainfall over India[J]. Climate Dynamics，2011，36（1）：41-55.

[110] Chi Y，Zhang F，Wei L，et al. Correlation between the onset of the East Asian Subtropical Summer Monsoon and the eastward propagation of the Madden-Julian Oscillation[J]. Journal of the Atmospheric Sciences，2015，72（3）：1200-1214.

[111] Lin H，Brunet G，Mo R. Impact of the Madden-Julian Oscillation on wintertime precipitation in Canada[J]. Monthly Weather Review，2010，138（138）：3822-3839.

[112] Barreto N J C，Mesquita M D S，Mendes D，et al. Maximum covariance analysis to identify intraseasonal oscillations over tropical Brazil[J]. Climate Dynamics，2017，49（5）：1583-1596.

[113] Shimizu M H，Ambrizzi T，Liebmann B. Extreme precipitation events and their relationship with ENSO and MJO phases over northern South America[J]. International Journal of Climatology，2017，37（6）：2977-2989.

[114] Zaitchik B F. Madden-Julian Oscillation impacts on tropical African precipitation[J]. Atmospheric Research，2017，184：88-102.

[115] He J，Lin H，Wu Z. Another look at influences of the Madden-Julian Oscillation on the

wintertime East Asian weather[J]. Journal of Geophysical Research: Atmospheres, 2011, 116 (D3): D03109.

[116] Liu D. Mechanism responsible for the impact of Madden-Julian Oscillation on the wintertime rainfall over eastern China[J]. Scientia Meteorologica Sinica, 2010, 30 (5): 684-693.

[117] Jia X, Chen L, Ren F, et al. Impacts of the MJO on winter rainfall and circulation in China[J]. Advances in Atmospheric Sciences, 2011, 28 (3): 521-533.

[118] Hung C W, Lin H J, Hsu H H. Madden-Julian Oscillation and the winter rainfall in Taiwan[J]. Journal of Climate, 2014, 27 (12): 4521-4530.

[119] Zhang Q, Wei Z, Lu X, et al. Landfalling tropical cyclones activities in the south China: Intensifying or weakening?[J]. International Journal of Climatology, 2012, 32 (12): 1815-1824.

[120] Ha K J, Lee S S. On the interannual variability of the Bonin high associated with the East Asian summer monsoon rain[J]. Climate Dynamics, 2007, 28 (1): 67-83.

[121] Wang C, Li C, Mu M, et al. Seasonal modulations of different impacts of two types of ENSO events on tropical cyclone activity in the western North Pacific[J]. Climate Dynamics, 2013, 40 (11-12): 2887-2902.

[122] Wang B, Xiang B, Lee J-Y. Subtropical high predictability establishes a promising way for monsoon and tropical storm predictions[J]. Proceedings of the National Academy of Sciences, 2013, 110 (8): 2718-2722.

[123] Wen S, Su B, Wang Y, et al. Economic sector loss from influential tropical cyclones and relationship to associated rainfall and wind speed in China[J]. Global and Planetary Change, 2018, 169: 224-233.

[124] Wang C, Wang X. Classifying El Niño Modoki I and II by different impacts on rainfall in southern China and typhoon tracks[J]. Journal of Climate, 2013, 26 (4): 1322-1338.

[125] Chen X, Wang Y, Zhao K. Synoptic flow patterns and large-scale characteristics associated with rapidly intensifying tropical cyclones in the South China Sea[J]. Monthly Weather Review, 2014, 143 (1): 64-87.

[126] 田红, 郭品文, 陆维松. 中国夏季降水的水汽通道特征及其影响因子分析[J]. 热带气象学报, 2004, 20 (4): 401-408.

[127] 李永华, 徐海明, 高阳华, 等. 西南地区东部夏季旱涝的水汽输送特征[J]. 气象学报, 2010, 68 (6): 932-943.

[128] 杨柳, 赵俊虎, 封国林. 中国东部季风区夏季四类雨型的水汽输送特征及差异[J]. 大气科学, 2018, 42 (1): 81-95.

[129] 王霄, 巩远发, 岑思弦. 夏半年青藏高原"湿池"的水汽分布及水汽输送特征[J]. 地理学报, 2009, 64 (5): 601-608.

[130] 方翔, 许健民, 郑新江, 等. GMS-5 水汽图象 [像] 所揭示的青藏高原地区对流层上部水

汽分布特征[J]. 应用气象学报，1996，7（2）：246-251.

[131] 郑新江，李献洲. 夏季青藏高原水汽输送特征[J]. 高原气象，1997，16（3）：274-281.

[132] 谢惠敏，任福民，李国平，等. 超强台风丹娜丝对 1323 号强台风菲特极端降水的作用[J]. 气象，2016，42（2）：156-165.

[133] 戴竹君，王黎娟，管兆勇，等. 热带风暴 "Bilis"（0604）暴雨增幅前后的水汽输送轨迹路径模拟[J]. 大气科学，2015，39（2）：422-432.

[134] Huang Y，Cui X. Moisture sources of torrential rainfall events in the Sichuan Basin of China during summers of 2009-13[J]. Journal of Hydrometeorology，2015，16（4）：1906-1917.

[135] 王佳津，肖递祥，王春学. 四川盆地极端暴雨水汽输送特征分析[J]. 自然资源学报，2017，32（10）：1768-1783.

[136] 欧阳志云，郑华. 生态安全战略[M]. 北京：学习出版社，2014.

[137] 李典友，胡宏祥. 环境地理学[M]. 合肥：合肥工业大学出版社，2013.

[138] 中国地图出版社. 中国地图集[M]. 北京：中国地图出版社，2014.

[139] Liebmann B，Smith C A. Description of a complete（interpolated）outgoing longwave radiation dataset[J]. Bulletin of the American Meteorological Society，1996，77（6）：1275-1277.

[140] Dee D P，Uppala S M，Simmons A J，et al. The ERA-Interim reanalysis：Configuration and performance of the data assimilation system[J]. Quarterly Journal of the Royal Meteorological Society，2011，137（656）：553-597.

[141] Uppala S M，Kållberg P W，Simmons A J，et al. The ERA-40 re-analysis[J]. Quarterly Journal of the Royal Meteorological Society，2010，131（612）：2961-3012.

[142] Wang H，Wang Y. A numerical study of Typhoon Megi（2010）. Part I：Rapid intensification[J]. Monthly Weather Review，2013，142（1）：29-48.

[143] Montroy D L. Linear relation of central and eastern North American precipitation to tropical Pacific sea surface temperature anomalies[J]. Journal of Climate，1997，10（4）：541-558.

[144] Kim K Y，Wu Q. A comparison study of EOF techniques：Analysis of nonstationary data with periodic statistics[J]. Journal of Climate，1999，12（1）：185-199.

[145] Kim H M. The impact of the mean moisture bias on the key physics of MJO propagation in the ECMWF reforecast[J]. Journal of Geophysical Research：Atmospheres，2017，122（15）：7772-7784.

[146] Waliser D，Sperber K，Hendon H，et al. MJO simulation diagnostics[J]. Journal of Climate，2009，22（11）：3006-3030.

[147] Duchon C E. Lanczos filtering in one and two dimensions[J]. Journal of Applied Meteorology，1979，18（8）：1016-1022.

[148] Shannon C E. A mathematical theory of communication[J]. Bell System Technical Journal，1948，27（4）：623-656.

[149] Singh V P. The use of entropy in hydrology and water resources[J]. Hydrological Processes，1997，11（6）：587-626.

[150] Kawachi T，Maruyama T，Singh V P. Rainfall entropy for delineation of water resources zones in Japan[J]. Journal of Hydrology，2001，246（1）：36-44.

[151] Mishra A K，Özger M，Singh V P. An entropy-based investigation into the variability of precipitation[J]. Journal of Hydrology，2009，370（1）：139-154.

[152] Lélé M I，Leslie L M. Intraseasonal variability of low-level moisture transport over West Africa[J]. Climate Dynamics，2016，47（11）：3575-3591.

[153] Chen G，Sha W，Sawada M，et al. Influence of summer monsoon diurnal cycle on moisture transport and precipitation over eastern China[J]. Journal of Geophysical Research：Atmospheres，2013，118（8）：3163-3177.

[154] Zhang Y，Xue M，Zhu K，et al. What is the main cause of diurnal variation and nocturnal peak of summer precipitation in Sichuan Basin，China? The key role of boundary layer low-level jet inertial oscillations[J]. Journal of Geophysical Research：Atmospheres，2019，124（5）：2643-2664.

[155] Xue M，Luo X，Zhu K，et al. The controlling role of boundary layer inertial oscillations in Meiyu frontal precipitation and its diurnal cycles over China[J]. Journal of Geophysical Research：Atmospheres，2018，123（10）：5090-5115.

[156] Zhang L，Oey L. Young ocean waves favor the rapid intensification of tropical cyclones—A global observational analysis[J]. Monthly Weather Review，2019，147（1）：311-328.

[157] Li R C Y，Zhou W. Interdecadal changes in summertime tropical cyclone precipitation over southeast China during 1960～2009[J]. Journal of Climate，2015，28（4）：1494-1509.

[158] Lau K M，Zhou Y P，Wu H T. Have tropical cyclones been feeding more extreme rainfall?[J]. Journal of Geophysical Research：Atmospheres，2008，113（D23）：D23113.

[159] Lu R. Indices of the summertime Western North Pacific Subtropical High[J]. Advances in Atmospheric Sciences，2002，19（6）：1004-1028.

[160] Wang H. The weakening of the Asian monsoon circulation after the end of 1970's[J]. Advances in Atmospheric Sciences，2001，18（3）：376-386.

[161] Subramanian A，Jochum M，Miller A J，et al. The MJO and global warming：A study in CCSM4[J]. Climate Dynamics，2014，42（7-8）：2019-2031.

[162] Wheeler M C，Hendon H H. An all-season real-time multivariate MJO index：Development of an index for monitoring and prediction[J]. Monthly Weather Review，2004，132（8）：1917-1932.

[163] Liu X，Wu T，Song Y，et al. MJO prediction using the sub-seasonal to seasonal forecast model of Beijing Climate Center[J]. Climate Dynamics，2017，48（9-10）：3283-3307.

[164] Hamed K H，Rao A R. A modified Mann-Kendall trend test for autocorrelated data[J]. Journal

of Hydrology，1998，204（1-4）：182-196.

[165] Ord J K. Handbook of the poisson distribution[J]. Technometrics，1967，10（2）：412.

[166] Cox D R. The regression analysis of binary sequences[J]. Journal of the Royal Statistical Society，1958，20（2）：215-242.

[167] Stein A F，Draxler R R，Rolph G D，et al. NOAA's HYSPLIT atmospheric transport and dispersion modeling system[J]. Bulletin of the American Meteorological Society，2016，96（12）：2059-2077.

[168] Draxler R R. Measuring and modeling the transport and dispersion of kPYPTON-85 1500km from a point source[J]. Atmospheric Environment，1982，16（12）：2763-2776.

[169] Draxler R R，Stunder B J B. Modeling the CAPTEX vertical tracer concentration profiles[J]. Journal of Applied Meteorology，2010，27（5）：617-625.

[170] Draxler R R，Hess G D. An overview of the HYSPLIT-4 modeling system for trajectories[J]. Australian Meteorological Magazine，1998，47（4）：295-308.

[171] Rolph G，Stein A，Stunder B. Real-time environmental applications and Display system：READY[J]. Environmental Modelling and Software，2017，95：210-228.

[172] Luo Y，Chen Y. Investigation of the predictability and physical mechanisms of an extreme-rainfall-producing mesoscale convective system along the Meiyu front in East China：An ensemble approach[J]. Journal of Geophysical Research：Atmospheres，2015，120（20）：10593-10618.

[173] Chen J，Chen H. Interdecadal variability of summer rainfall in Taiwan associated with tropical cyclones and monsoon[J]. Journal of Climate，2011，24（22）：5786-5798.

[174] Kubota H，Wang B. How much do tropical cyclones affect seasonal and interannual rainfall variability over the Western North Pacific?[J]. Journal of Climate，2009，22（20）：5495-5510.

[175] Lau K M，Zhou Y P，Wu H T. Have tropical cyclones been feeding more extreme rainfall?[J]. Journal of Geophysical Research Atmospheres，2008，113（D23）：113.

[176] Villarini G，Denniston R F. Contribution of tropical cyclones to extreme rainfall in Australia[J]. International Journal of Climatology，2016，36（2）：1019-1025.

[177] 陈艳. 东南亚夏季风的爆发与演变及其对我国西南地区天气气候影响的研究[D]. 南京：南京信息工程大学，2006.

[178] 王艳姣，闫峰. 1960—2010年中国降水区域分异及年代际变化特征[J]. 地理科学进展，2014，33（10）：1354-1363.

[179] 张宇，李耀辉，魏林波，等. 南亚高压与西太平洋副热带高压对我国西南地区夏季降水异常的影响[J]. 干旱气象，2013，31（3）：464-470.

[180] Bell J L，Sloan L C，Snyder M A. Regional changes in extreme climatic events：A future climate scenario[J]. Journal of Climate，2004，17（1）：81-87.

[181] Chang C，Lei Y，Sui C，et al. Tropical cyclone and extreme rainfall trends in East Asian summer monsoon since mid-20th century[J]. Geophysical Research Letters，2012，39（1）：8702.

[182] 邱文玉. 我国东南沿海台风极端降水特征及成因初探[D]. 南京：南京信息工程大学，2014.

[183] 江志红，梁卓然，刘征宇，等. 2007 年淮河流域强降水过程的水汽输送特征分析[J]. 大气科学，2011，35（2）：361-372.

[184] Gaffney S J. Probabilistic curve-aligned clustering and prediction with regression mixture models[D]. Irvine：University of California，2004.

[185] Chan J C L. Tropical cyclone activity in the Northwest Pacific in relation to the El Niño/ Southern Oscillation phenomenon[J]. Monthly Weather Review，1985，113（4）：599-606.

[186] Chan J C L. Tropical cyclone activity over the Western North Pacific associated with El Niño and La Niña events[J]. Journal of Climate，1999，13（16）：2960-2972.

[187] Chen T C，Weng S P，Yamazaki N，et al. Interannual variation in the tropical cyclone formation over the Western North Pacific[J]. Monthly Weather Review，1998，126（4）：1080-1090.

[188] Wu G，Lau N C. A GCM simulation of the relationship between tropical-storm formation and ENSO[J]. Monthly Weather Review，1992，120（6）：958.

[189] Zhang Q，Gu X，Li J，et al. The impact of tropical cyclones on extreme precipitation over coastal and inland areas of China and its association to ENSO[J]. Journal of Climate，2018，31（5）：1865-1880.